SAMMLUNG GÖSCHEN BAND 499

Autogenes Schweißen und Schneiden

Von

Berat. Ing. Hans Niese, VBI, Kiel

Fünfte Auflage

neu bearbeitet von

Ing. Alex Küchler, DVS, Flensburg

Berufsschuldirektor a. D.

Mit 71 Abbildungen

Walter de Gruyter & Co.

vormals G. J. Göschen'sche Verlagshandlung · J. Guttentag, Verlagsbuchhandlung · Georg Reimer · Karl J. Trübner · Veit & Comp.

Berlin 1953

Archiv-Nr. 11 04 99
Satz: Walter de Gruyter & Co., Berlin W 35
Druck: Oswald Schmidt G. m. b. H., Leipzig III/18/65
Printed in Germany

Inhaltsverzeichnis

Literaturquellen

Schimpke und Horn, Praktisches Handbuch der gesamten Schweißtechnik Teil 1, Springer-Verlag, 1948

Günter Engel, Ratgeber für Autogen-Facharbeiter, herausgegeben von der Literarischen Abteilung des Drägerwerks, Lübeck, Antäus-Verlag. Lübeck, 1948

H. Holler, Leitfaden für Autogenschweißer, Carl Marhold Verlagsbuchhandlung, Halle (Saale), 1949

Erich Sudasch, Schweißtechnik, Carl Hanser-Verlag, München, 1950

Boeckhaus, Betriebsanleitung für das autogene Oberflächenhärten, „Schweißen und Schneiden", Heft 4/1950, Verlag Friedrich Vieweg & Sohn G.m.b.H., Braunschweig, Burgplatz 1

Uhrmann-Schuth, Fachkunde für Maschinenbauer, Verlag von B. G. Teubner, Leipzig-Berlin 1937, Bild 24, 25, 34 und 35

Bonnemann, Fachkunde für Bauschlosser, Verlag von B. G. Teubner, Leipzig-Berlin 1938, Bild 104

„Schweißen und Schneiden", Jahrgang 1949 und 1950, Organ des Deutschen Verbandes für Schweißtechnik, Verlag Friedrich Vieweg & Sohn G.m.b.H., Braunschweig, Burgplatz 1

Azetylen-Verordnung vom 17. 11. 1923

Druckgas-Verordnung vom 2. 12. 1935

Unfallverhütungsvorschriften der Nordwestlichen Eisen- und Stahlberufsgenossenschaft vom 1. 4. 1934

I. Allgemeines

1. Was ist Schweißen?

Unter Schweißen versteht man die nicht lösbare Verbindung von meist gleichartigen Metallteilen unter Einwirkung von Wärme und Druck oder von Wärme allein mit oder ohne Zuführung von gleichartigem Metall (Zusatzwerkstoff).

Daraus ergeben sich die beiden Hauptarten der Schweißung, die in der Praxis in verschiedenen Verfahren angewendet werden:

a) die Preßschweißung, bei der die erwärmten Schweißstellen in teigigem Zustand ohne Zusatzwerkstoff durch Druck (Pressen) oder Schlag (Hammer) verbunden werden.

Anwendung:

1. Hammerschweißung und Wassergasschweißung,
2. elektrische Widerstandsschweißung (Stumpf-, Punktschweißung),
3. Thermitschweißung (kombiniertes Verfahren),

b) die Schmelzschweißung, bei der die Schweißstellen im Schmelzfluß ohne Druck oder Schlag mit oder ohne Zusatzwerkstoff verbunden werden.

Anwendung:

1. elektrische Lichtbogenschweißung,
2. Thermitschweißung (Umgieß- und Zwischengußverfahren),
3. Gasschmelzschweißung (autogene, d. h. selbsttätige Schweißung, von der hier hauptsächlich die Rede sein soll).

Eine gute Schweißung zeigt in Festigkeit, Warm- und Kaltverformungsfähigkeit, Korrosionswiderstand, Gefüge usw. fast das gleiche Bild wie der Grundwerkstoff und vermeidet alle sonst üblichen Verbindungselemente; sie ist somit die vollkommenste Verbindung zweier Metallteile und erspart Werkstoff- und Arbeitslohnkosten.

2. Von der Wärme und ihren Wirkungen

Die Wärme ist eine Energieform, und zwar die Bewegungsenergie der kleinsten Teile (Moleküle) der Körper. Die Vergrößerung dieser Molekularschwingungen erhöht die Temperatur eines Körpers, ihre Verkleinerung ermäßigt sie. Temperaturerhöhung führt im Regelfall zur Ausdehnung, Temperaturabnahme zur Zusammenziehung (Schrumpfung) der Körper. Die Bewegungsenergie (Wärme) kann sich durch Wärmeleitung, durch Wärmeströmung und durch Wärmestrahlung fortpflanzen. Die stärkste Wärmequelle ist die Sonne, auf die letztlich alle anderen zurückgehen.

Die Ausdehnung durch Temperaturerhöhung führt zur Lockerung des Molekulargefüges eines Körpers und nach Erreichung des Schmelzpunktes zum Übergang vom festen in den flüssigen Zustand, der Körper schmilzt. Bei weiterer Temperaturerhöhung wird bei bestimmtem Druck der Siedepunkt erreicht und damit der Übergang vom flüssigen in den dampfförmigen Zustand, der Körper verdampft. Beim umgekehrten Vorgang, der Temperaturabnahme, verwandelt sich der Dampf in Flüssigkeit, die Flüssigkeit in den festen Körper zurück; der Kondensationspunkt fällt mit dem Siedepunkt, der Erstarrungspunkt mit dem Schmelzpunkt zusammen. Die zur Erreichung der Schmelztemperatur eines Körpers aufgewendete Wärmeenergie (Energie) wird gemessen in Kilogramm-Kalorien. Die Kilogramm-Kalorie (kcal) gilt als Wärmeeinheit, d. i. diejenige Wärmemenge, die 1 kg Wasser um 1° Celsius (z. B. von 14,5 auf 15,5°) erwärmt.

Die Schmelztemperaturen für unsere hauptsächlichsten Werkstoffe zeigt folgende Tabelle:

Maschinenbaustahl	rd. 1500° C	Zink	419° C
Maschinenguß	rd. 1200° C	Blei	327° C
Kupfer	rd. 1080° C	Nickel	1450° C
Messing	800/900° C	Aluminiumlegierungen	530/660° C

Diese physikalischen Gesetze haben ihre praktische Bedeutung bei der Erwärmung des Werkstoffes durch die Schweißflamme, bei seiner Abkühlung und bei der Schrumpfung des Schmelzgutes in der Schweißnaht beim Erkalten. Von diesen Wirkungen geben die Längenausdehnungszahlen (Koeffizienten) ein Bild. Sie sind u. a. für

Maschinenbaustahl	0, 000 012	bei Temperaturzunahme um je 1° C
Maschinenguß	0, 000 032	
Kupfer	0, 000 051	

und besagen, daß z. B. ein Stab normalen Maschinenbaustahls von 1000 mm Länge bei Schweißtemperatur (etwa 1500° C) sich um 12 Millionstel seiner ursprünglichen Länge ausdehnen würde, also um etwa 18 mm = 1,8%, wenn er sich frei bewegen könnte. Da diese Zahlen nur für die regelmäßige Ausdehnung im Erwärmungsbereich von 0 bis 100° C feststehen, bei höheren Temperaturen aber eine unregelmäßige und stärkere Ausdehnung eintritt, läßt sich die Wichtigkeit dieser Wärmewirkungen in der Praxis leicht ermessen.

Beim Erkalten würde der Körper bei freier Bewegungsmöglichkeit um dasselbe Maß schrumpfen. Im Regelfall wird aber die Schweißstelle von nicht erwärmtem, kaltem Werkstoffumg eben sein, der sowohl die Ausdehnung als auch die Schrumpfung der Naht behindert. Dadurch entstehen innere Druck- bzw. Zugkräfte, die gefürchteten Wärmespannungen, die zu Formveränderungen in der Schweißzone oder zu Rissen im Werkstoff führen können.

Die Raumausdehnungszahlen betragen etwa das dreifache der vorstehend genannten.

3. Von der Verbrennung

Zu einer Verbrennung sind erforderlich: der Brennstoff als Wärmeträger, der Sauerstoff als Förderer der Verbrennung, die Entzündungstemperatur zur Einleitung des Vorgangs.

Eine Verbrennung ist die rasche Verbindung des Sauerstoffs mit einem brennbaren Stoff, die bei vorhandener Entzündungstemperatur unter Flammenbildung und starker Licht- und Wärmeentwicklung verläuft. Eine Oxydation ist die langsame Verbindung des Sauerstoffs mit einem Körper unter kaum merklicher Wärmeentwicklung und ohne Flammenbildung, z. B. die Oxydbildungen der Metalle.

Eine Verbrennung kann sein

a) vollständig, wenn dem Brennstoff die erforderliche Menge Sauerstoff zur Verfügung steht,

b) unvollständig, wenn sich infolge Sauerstoffmangels in der Flamme noch unverbrannte, brennbare Gase befinden, die bestrebt sind, sich mit dem Sauerstoff der die Flamme umgebenden Luft oder mit Sauerstoffverbindungen zu vereinigen: reduzierend wirkende Flamme.

Wird ihr mehr Sauerstoff zugeführt als zur vollständigen Verbrennung erforderlich ist, so nimmt das gelockerte Gefüge des erhitzten Werkstoffs Sauerstoff auf: oxydierend wirkende Flamme.

Die Entzündungstemperatur ist die geringste Temperatur, bei der sich ein Stoff mit dem Sauerstoff der Luft verbindet.

Die Verbrennungstemperatur ist viel höher und hängt vom Heizwert und den Verbrennungsrückständen ab.

Die bei vollständiger Verbrennung von 1 kg festen oder flüssigen bzw. 1 m^3 gasförmigen Brennstoffes gelieferte Wärmemenge heißt Heizwert, gemessen in kcal je kg Brennstoff.

4. Unsere Wärmequellen

Gute Wärmequellen müssen ausreichend große Wärmemengen abgeben, um die technisch wichtigen Metalle schnell auf Schweißtemperatur erhitzen zu können. Mangelhafte Wärmequellen, bei denen die Wärmeabgabe zu gering ist, bringen die Schweißkanten nicht zum gleichmäßigen Schmelzen und Verschweißen und verursachen Kaltstellen.

Als geeignete Wärmequellen finden in der Schweißtechnik heute Verwendung: das Schmiedefeuer, die Gebläseflamme, die Elektrowärme, der elektrische Lichtbogen, die Wärme chemischer Reaktionen.

II. Überblick über die Schweißverfahren

1. Die Preßschweißungen

Die Arbeitstemperatur ist bei ihnen niedriger als die Schmelztemperatur des Werkstückes, die Schweißkanten werden auf Weißglut bis zum teigigen Zustand auf 1300 bis 1400° C erhitzt und in diesem durch Druck (Presse) oder Schlag (Hammer) ineinandergepreßt.

a) Die Feuerschweißung

Im offenen Schmiede- oder Koksfeuer auf Schweißtemperatur gebracht, werden die Schweißenden durch Hämmern von Hand oder maschinell (Hämmer oder Pressen) zusammengefügt. Um den Luftzutritt zum Schweißgut und die Bildung einer Oxydhaut (Hammerschlag) zu verhindern, bewirft man die Schweißenden mit Schweiß- (Quarz-) Sand, der bei der hohen Temperatur schmilzt und eine luftabschließende Hülle um das Metall bildet.

b) Die Wassergasschweißung

Das Verfahren findet Anwendung in der Großrohrschweißung. Bild 1 zeigt eine Wassergas-Schweißstraße. Die Überlappung der vorgebogenen Bleche wird innen und außen von zwei zangenartig angeordneten Wassergasbrennern in 100—300 mm Länge auf

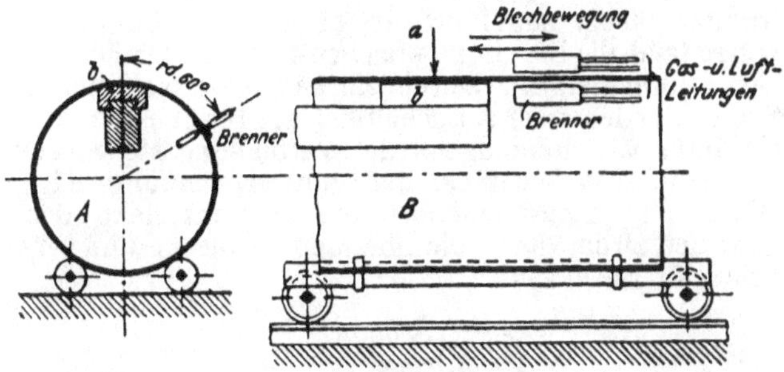

Bild 1. Schema einer Wassergas-Schweißstraße

Schweißtemperatur vorgewärmt. Bei a erfolgt durch maschinelles Hämmern auf den Amboß b oder durch eine Walzeneinrichtung das Verschweißen. Das Rohr wird auf Rollen um 60° jedesmal gedreht, wenn die Brenner in Höhe der Schweißstellen seitlich sitzen (Bild 1 A) oder auf einem Wagen verschoben, wenn die Brenner rechts vom Amboß angebracht sind (Bild 1 B). Die Schweißnaht hat sehr gute Eigenschaften.

Die Wassergas-Schweißanlage ist umfangreich und teuer und kann nur in großen Werken wirtschaftlich verwendet werden. Eine Neuerstellung von Anlagen auf Wassergasbasis kommt kaum mehr in Frage, wohl aber dürfte das Verfahren als Hochofengas-Schweißung auch heute noch Entwicklungsmöglichkeiten haben.

c) Die elektrische Widerstandsschweißung.

Der elektrische Widerstand eines stromdurchflossenen Leiters wird durch große Querschnittsverminderung so stark erhöht, daß die Erwärmung an dieser Stelle das Leitungsmaterial schnell auf Schweißtemperatur bringen kann. Wird den durch bewegliche Kupferbacken gehaltenen, stumpf aneinanderstoßenden Arbeitsstücken (Bild 2) ein durch Transformierung auf niedrige Spannung und hohe Stromstärke umgeformter Strom zugeführt, so bringt der Übergangswiderstand die Berührungsflächen in kürzester Zeit auf Schweißtemperatur. Durch Zusammenpressen beider Schweißenden nach Ausschaltung des Stromes werden sie unter Wulstbildung an der Verbindungsstelle verschweißt. Das Schaubild der Punktschweißung zeigt Bild 3. Durch Zusammendrücken der Punktelektroden geht der Strom durch die überlappten Bleche und verschweißt sie in einem Punkt.

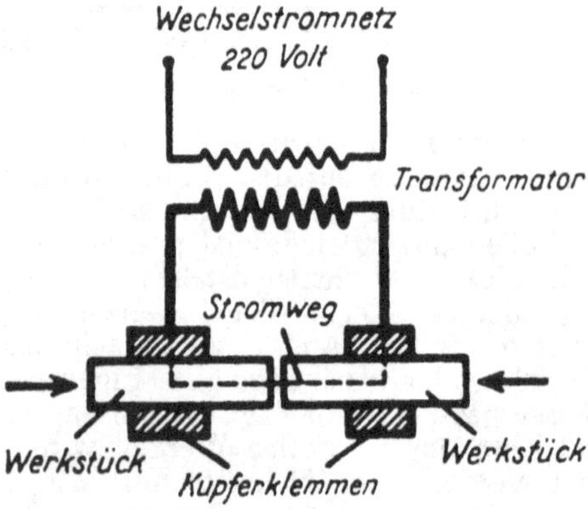

Bild 2. Schema der elektrischen Stumpfschweißung

d) Die Thermitschweißung (kombiniertes Verfahren).

Thermit ist ein Gemisch von Eisenoxyd- und Aluminiumpulver, das mit Hilfe einer Einsatzpatrone (Bariumoxyd) in einem Tiegel zur Entzündung gebracht wird und bei der selbsttätig fortschreitenden Verbrennung Temperaturen bis zu 3000° C erreicht. Sie entstehen durch die sehr lebhaft ablaufende chemische Verbindung des Eisenoxyds mit dem Aluminium, bei der reines Eisen und Aluminiumoxyd entstehen. Das spezifisch schwerere Eisen sammelt sich unten im Tiegel, das Aluminiumoxyd schwimmt als Schlacke auf dem flüssigen Thermiteisen. Mit der flüssigen Masse werden die zu verbindenden, von einer Form umgebenen Arbeitsstücke auf Schweißhitze gebracht, durch eine Klemmvorrichtung zusammengepreßt und verschweißt.

Bild 4 zeigt die Stumpfschweißung zweier Rohrenden. Die Rohre liegen mit metallisch reinen Stirnflächen dicht aneinander in einer Form. Der geschmolzene Tiegelinhalt wird in die Form gegossen; die zuerst abfließende Schlacke erstarrt und schützt das Werkstück vor Berührung und Verschmelzen

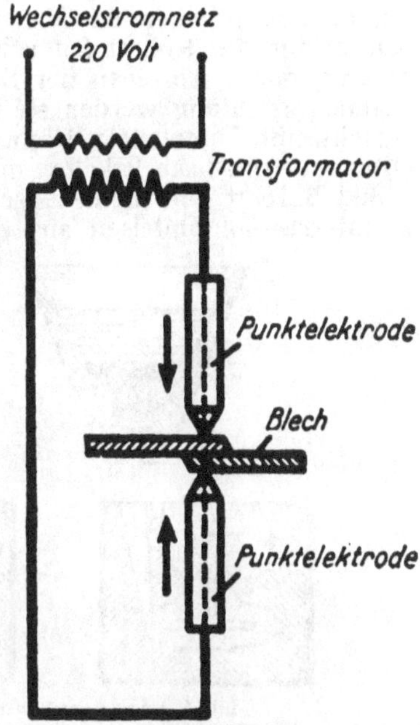

Bild 3. Schema der elektrischen Punktschweißung

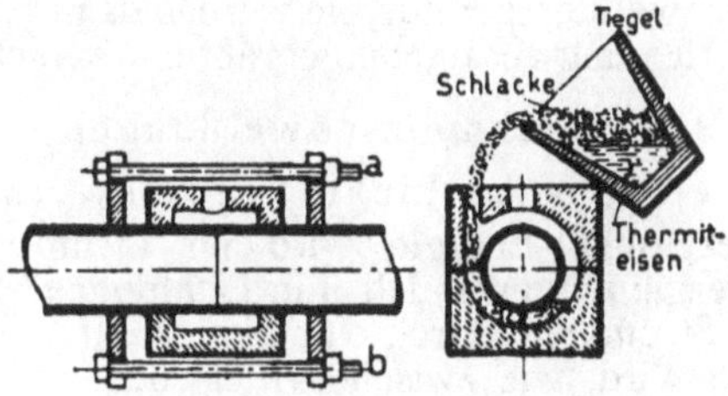

Bild 4. Schema der Rohr-Stumpfschweißung

mit dem nachfließenden Thermiteisen. Der Tiegelinhalt bringt die Rohrenden schnell auf Schweißtemperatur, durch Anziehen der Schrauben a und b der Klemmvorrichtung werden sie zusammengepreßt und verschweißt. Die nur als Wärmequelle dienende Thermitmasse wird nach Erkalten mit der Form entfernt.

Bild 5 zeigt eine Schienenschweißung. Hier fließt zuerst das Thermiteisen aus dem Spitztiegel in die

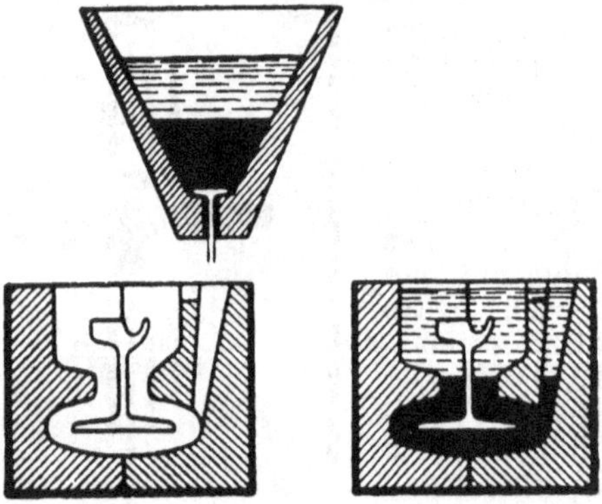

Bild 5. Schema der Schienenschweißung

Form und in die Fuge zwischen Schienenfüßen und unteren Steghälften, umhüllt und verschweißt sie. Die nachfließende Schlacke bringt die Schienenköpfe ebenfalls auf Schweißtemperatur, sie werden dann mit einer Klemmvorrichtung zusammengepreßt und verschweißt.

2. Die Schmelzschweißungen

a) Die elektrische Lichtbogenschweißung.

Die elektrische Energie wird im Lichtbogen in Wärmeenergie umgewandelt. Ein Lichtbogen entsteht, wenn ein Stromkreis durch eine kurze Luftstrecke unterbrochen wird, wie zwischen Elektrode und Werkstück. Die Temperatur des Lichtbogens ist etwa 3500° C.

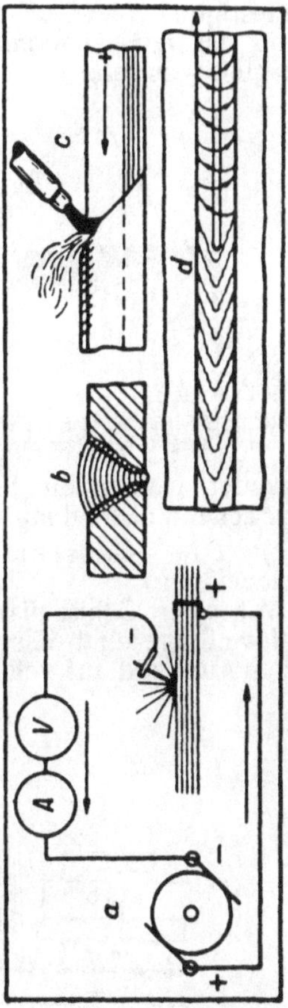

Bild 6. Schema der elektrischen Lichtbogenschweißung

Die Schweißkanten der Fuge werden durch den Lichtbogen aufgeschmolzen, gleichzeitig tropft der Zusatzwerkstoff der abschmelzenden Elektrode in die Schmelze und füllt die Schweißfuge aus. Bild 6a zeigt die Stromkreisanordnung schematisch. Aus dem Drehstromnetz wird ein Motor gespeist, der mit einer Gleichstrom-Dynamomaschine, die den Schweißstrom liefert, gekuppelt ist (Umformer). Der Pluspol der Stromquelle liegt in der Regel am Werkstück, der Minuspol an der Elektrode. Bild 6b zeigt eine richtig ausgeführte Naht, 6c die Stellung der Elektrode, 6d die Führung der Elektrode. Im übrigen wird auf den Göschen-Band „Das elektrische Schweißverfahren“ von Hans Niese, Verlag Walter de Gruyter & Co., Berlin, verwiesen, in dem das Elektroschweißen eingehend behandelt wird.

b) Die Thermitschweißung (Umgieß- und Zwischengußverfahren).

Das Gießverfahren wird zu Reparaturzwecken verwandt. Bild 7 zeigt die Beseitigung kleinerer Fehler an Gußstücken. Nach Erwärmung des Gußstückes und

Befestigung einer Aufsatzform über der Schadensstelle wird das reine Thermiteisen, von dem die Schlacke sorgfältig entfernt ist, auf die fehlerhafte Stelle gegossen. Diese wird so weich, daß das Thermiteisen gut anschweißt.

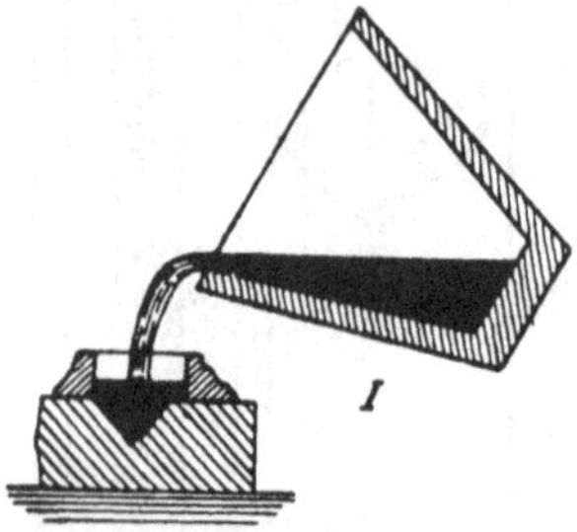

Bild 7. Schema der Gußreparaturschweißung (Thermitverfahren)

Bild 8 zeigt die Reparaturschweißung eines gebrochenen Maschinenteils. Das aus dem Spitztiegel zuerst in die Form fließende heiße Thermiteisen füllt den Raum zwischen den metallisch reinen Schweißflächen und verschmilzt mit ihnen. Nach Erkalten werden die Form und die beim Guß entstandene Wulstbildung entfernt.

c) Die Gasschmelzschweißung (autogene Schweißung).

Mit einer Gebläseflamme werden die Kanten der Schweißfuge und das Zusatzmaterial zusammengeschmolzen und auf volle Stärke des Grundwerkstoffes

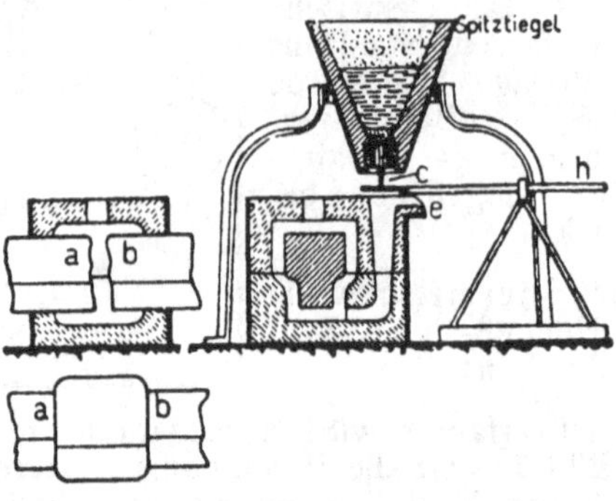

Bild 8. Schema der Maschinen-Reparaturschweißung (Thermitverfahren)

aufgefüllt. Das Zusammenfließen von Grund- und Zusatzmaterial erfolgt ohne mechanische Einwirkung selbsttätig. Obwohl dies ein Kennzeichen aller Schmelzschweißungen ist, ist mit der Bezeichnung „autogen" = selbsttätig im technischen Sprachgebrauch immer nur die Gasschweißung im Gegensatz zur elektrischen Schweißung und mit „Autogenflamme" immer nur die Sauerstoff-Azetylen-Flamme gemeint.

III. Die Betriebsgase der Gasschmelzschweißung

1. Sauerstoff

Der Sauerstoff (O_2) ist der in der Erdkruste und im Wasser am häufigsten vorkommende Grundstoff. Unsere atmosphärische Luft ist ein Gemisch von etwa 1/5 Sauerstoff und 4/5 Stickstoff, ferner findet er sich in vielen Metallverbindungen, z. B. unseren Eisenerzen.

Sauerstoff ist das am meisten gebrauchte Schweißgas. Er ist farb-, geruch- und geschmacklos, nicht giftig und nicht brennbar, aber er fördert die Verbrennung und ist zu jeder Verbrennung nötig (vgl. S. 9). Berührung von Ölen und Fetten mit reinem, komprimiertem Sauerstoff kann u. U. zu explosiven Verbrennungen führen.

Die Herstellung von Sauerstoff kann auf chemischem und elektrolytischem Wege erfolgen. Für technische Zwecke wird er im großen hauptsächlich nach dem Linde'schen Verfahren durch Zerlegung der Luft gewonnen. Dieses Verfahren geht von der Verflüssigung der Luft (bei —191° C) und den verschiedenen Siedepunkten von Sauerstoff (bei —183° C) und Stickstoff (bei —196° C) aus.

Die atmosphärische Luft wird durch Filter gereinigt und in 3—5 Stufen auf 200 atü komprimiert, wobei die entstehende Kompressionswärme in jeder Stufe durch fließendes Wasser abgeleitet wird. Die so komprimierte Luft wird getrocknet, von Kohlensäure gereinigt, durch den kalten, aus dem Trennapparat (s. u.) entweichenden Stickstoff tief vorgekühlt und dann von 200 auf 1 atü entspannt. Die durch die Ausdehnung erzeugte Entspannungskälte senkt die Temperatur auf etwa —200° C und verflüssigt die Luft. Diese flüssige Luft ist ein Gemenge aus flüssigem Sauerstoff und flüssigem Stickstoff und kann nun dadurch in Sauerstoff und Stickstoff zerlegt werden, daß Stickstoff früher (bei —196° C) verdampft als Sauerstoff (bei —183° C). Im Trennapparat rieselt die flüssige Luft herab und gasförmiger Sauerstoff strömt ihr von unten entgegen. Die sehr schnell und lebhaft einsetzende Wechselwirkung zwischen Flüssigkeit und Gas ergibt einen fast reinen gasförmigen Stickstoff, der meist entweicht oder auch zur weiteren Verwendung (s. o.) abgeleitet wird, und einen fast reinen (99,5%) flüssigen Sauerstoff. Dieser wird entweder

a) flüssig in Isolierbehältern in Spezial-Tankwagen dem Verbrauchsort zugeführt, wo er nach Bedarf in Vergaseranlagen vergast werden kann, oder

b) sofort vergast, im Gasbehälter gesammelt und dann der Füllstation zugepumpt. Hier wird er auf 150 atü komprimiert und in die Stahlflaschen gedrückt.

Eine moderne Sauerstoff-Erzeugungsanlage braucht etwa 1,5 kWh Energie für 1 m³ gasförmigen Sauerstoff.

Der Transport des gasförmigen Sauerstoffs ist erheblich teurer als der des flüssigen. Man hat z. B. bei Versand von 3000 m³ gasförmigen Sauerstoffs in 500 normalen Stahlflaschen ein Transportgewicht von 41550 kg, bei gleicher Menge in flüssigem Zustand in einem Spezialtank ein solches von 5300 kg festgestellt. Das ist nur knapp 1/8 des Transportgewichtes für gasförmigen Sauerstoff. Auch bei Verwendung von sog. leichten Stahlflaschen (vgl. S. 27) von 40 l Inhalt und 200 atü müßten doch noch 375 Flaschen mit etwa 24000 kg Transportgewicht verwendet werden, was das 4 bis 5-fache des Transportgewichtes für flüssigen Sauerstoff bedeutet.

2. Brenngase

Allgemeines.

Die Brenngase der autogenen Schweißtechnik sind in der Hauptsache Wasserstoff sowie die Kohlenwasserstoffverbindungen: Azetylen, Leuchtgas, Wassergas, Propan und Butan, und Benzin-Benzoldämpfe. Die Praxis verlangt von einem brauchbaren Brenngas für die Gebläseflamme

1. einen hohen Heizwert, vgl. S. 9,
2. eine hohe Verbrennungsgeschwindigkeit (bei Mischung mit Sauerstoff),
3. eine hohe Flammentemperatur, die sich u. a. aus 1 und 2 ergibt, und
4. das Fernhalten des Luftsauerstoffs u. ä. vom Schmelzbad während der Verbrennung.

Aus Sicherheitsgründen ist ein kleiner Explosionsbereich wünschenswert, d. h. die Mischungsverhältnisse Brennstoff/Luft, die zu explosionsartiger Verbrennung führen können, sollen möglichst eng begrenzt sein. Die folgende Zusammenstellung gibt einen Vergleich über den Heizwert als Maßstab der Wärmeenergie der Brennstoffe, ihre Einheitsgewichte (Wichte) bezogen auf Luft = 1 und ihre Explosionsbereiche.

Brennstoff	Heizwert	Wichte bezogen auf Luft = 1	Explosionsbereich mit Luft
Wasserstoff	2570 kcal/Nm³	0,07	4,1% bis 75 %
Azetylen	13600 „ „	0,9	2,5% „ 82 %
Leuchtgas	rd. 3700 „ „	rd. 0,4	7,5% „ 24 %
Wassergas	2600 „ „	0,55	— —
Propan	22350 „ „	1,25	2,3% „ 9,5%
Benzin	10000 kcal/kg	0,72 kg/l	2,5% „ 4,8%
Benzol	9600 „ „	0,88 „ „	2,6% „ 6,7%

a) Wasserstoff (H)

ist das älteste Brenngas der Autogentechnik; er hat heute nur noch Bedeutung für das Schweißen von Aluminium und Blei und sehr dünnen Blechen sowie für Lötzwecke, ferner gelegentlich für das Brennschneiden. Wasserstoff ist farb-, geruch-, geschmacklos und nicht giftig, er ist das leichteste Gas und wiegt nur den 14. Teil der gleichen Raummenge Luft bei 0° C und 760 Torr. Wichte 0,09 kg/Nm³ (Luft 1,29 kg/Nm³). Die praktisch erreichbare Temperatur der Sauerstoffgebläseflamme liegt zwischen 2000 und 2300° C, wodurch die Verwendung schon auf Arbeiten beschränkt wird, die ohne zu lange Anwärmzeit und dadurch zu große Wärmeableitung ins Werkstück mit dieser geringen Temperatur ausgeführt werden können (vgl. S. 68).

Den Wasserstoffbedarf liefern in der Hauptsache chemische Großbetriebe durch Elektrolyse des Wassers. In den Handel kommt der Wasserstoff in 40 l Flaschen mit 150 atü Druck (vgl. S. 26 ff.).

b) Azetylen (C_2H_2)

entspricht den Anforderungen an ein Brenngas (s. o.) am meisten und wird deshalb in der Gasschmelzschweißung auch hauptsächlich verwandt (vgl. S. 17).

Technisches Azetylen ist ein farbloses Gas von arteigenem, typischem Geruch, der aus seinen Verunreinigungen stammt; in chemisch reiner Form ist es geruch- und geschmacklos. Das Einatmen gasgeschwängerter Raumluft führt häufig zu Kopfschmerzen und Schwindelgefühl. Die Wichte ist 1,17 kg/Nm³ (bezogen auf Luft s. o.).

Die Mischungsverhältnisse von 2,5% Gas und 97,5% Luft bis zu 82% Gas und 18% Luft sind explosiv. Azetylen ist nur wenig leichter als Luft, steigt daher nicht sofort nach oben wie Leuchtgas, sondern hält und verteilt sich in schwebendem Zustand in der Raumluft (Schlierenbildung). Daher besteht u. U. auch durch weiter vom Entwickler entfernte Feuerstellen, offene Flammen u. ä. die Gefahr von Zündungen, wenn bei **ungenügender Belüftung** des Arbeitsraumes die **Gasschlieren durch den Luftraum ziehen können.** Wie die vorstehende Zusammenstellung zeigt, ist Azetylen das bei weitem explosionsgefährlichste Gas. Deshalb müssen die Sicherheitsvorschriften (vgl. S. 124 ff.) genauestens befolgt werden. Mit Kupfer (Kupfersalzen) bildet Azetylen leicht einen hochexplosiven Sprengstoff, das Azetylenkupfer. Daher sind Azetylenleitungen usw. aus Kupfer verboten (vgl. S. 80).

Druck und zunehmende Temperatur können zum Zerfall des Azetylens in Kohlenstoff (Ruß) und Wasserstoff oder zu weiteren Umsetzungen führen. Beim Zerfall von 1 m^3 Azetylen werden 2500 WE frei unter starker Volumenzunahme des Gases und Explosionsgefahr bei beschränkter Ausdehnungsmöglichkeit. Als zulässiger Höchstdruck für gasförmiges Azetylen ist 1,5 atü bei 15° C festgelegt worden.

Bei der Erzeugung von Azetylen im Entwickler soll die Temperatur im Vergaser 100° C, im Gassammler 50° C nicht überschreiten, da auch warmes Azetylen zum Zerfall neigt, der bei hoher Temperatur explosionsartig ablaufen kann.

Das Azetylengas wird aus Kalziumkarbid und Wasser gewonnen.

Karbide sind chemische Verbindungen eines Metalls mit Kohlenstoff, z. B. Eisenkarbid Fe_3C, Siliziumkarbid SiC.

Das Kalziumkarbid (CaC_2) ist eine Verbindung des metallischen Kalziums mit Kohlenstoff, im folgenden kurz „Karbid" genannt.

Gebrannter Kalk wird mit Kohle (Koks, Anthrazit) im Elektroofen bei etwa 4000° C (Lichtbogen) zusammengeschmolzen.

$$CaO + 3\,C = CaC_2 + CO + \text{Wärme}.$$

Das Kohlenoxyd (CO) wird beim Erzeugungsprozeß zu Erwärmungszwecken weiter verwandt, das geschmolzene Karbid wird in Blöcke gegossen, in Brechern zerkleinert und in Sortiertrommeln nach Körnungen von 2/4, 4/7, 7/15, 15/25 mm (Feinkornkarbid), von 25/35, 35/50, 50/80 mm (Grobkarbid) sortiert und kommt in Blechtrommeln von 50 und 100 kg Gewicht in den Handel.

Feinkornkarbid hat infolge seiner größeren Oberfläche eine höhere Vergasungsgeschwindigkeit als Grobkarbid. Die meisten Azetylenentwickler sind für eine bestimmte Körnung konstruiert und haben bei Verwendung anderer Stückgrößen Störungen im Betrieb. Die Vergasungsdauer einiger Körnungen bei Einwurf von 1 kg Karbid in 10 Liter Wasser von 15° C zeigt die nachstehende Zusammenstellung.

Körnung	7/15	50/80
Vergaste Anteile	Vergasungsdauer	
50%	0,35 min.	4 min.
80%	1 „	8 „
100%	5—10 „	20—25 „

Die praktische Gasausbeute soll für die Körnungen

4—15 mm 260 l Azetylen je kg Karbid,
15—25 mm 280 l Azetylen je kg Karbid,
25—80 mm 300 l Azetylen je kg Karbid

sein. Überschlägig kann man bei Annahme normaler Karbidqualität (300 l/kg) mit 3,5 kg Karbid für 1 m³ Azetylen rechnen.

Technisches Karbid hat infolge seiner Verunreinigungen durch gebrannten Kalk, Kohle u. a. graue bis schwarze Farbe. Es ist stark hygroskopisch und muß trocken, in wasserdicht, auch gegen Luftfeuchtigkeit, schließenden Gefäßen gelagert werden. Karbidlagerung in Kellern ist verboten. Karbidtrommeln dürfen nicht mit funkenreißenden Werkzeugen oder mit Entlötungsgeräten geöffnet werden. Etwaige Brände mit Sand oder geeigneten Feuerlöschern, niemals mit Wasser bekämpfen! S. 124 ff.

Preßkarbid.

Unter der Bezeichnung „Beagid“ und „Patronid“ sind Karbidbriketts von etwa 80 mm Durchmesser, 100 mm Höhe und 1 kg Gewicht im Handel. Sie werden aus Feinkornkarbid mit einem in Wasser leicht löslichen Bindemittel gepreßt und gegen die Luftfeuchtigkeit durch eine Ölimprägnierung geschützt. Ihre Vorteile gegenüber dem Grobkarbid sind die gleichmäßigere und langsamere Vergasung, die geringere, nur etwa 1/10 der sonstigen ausmachende Nachvergasung und der Schutz vor Verwitterungs- und Feuchtigkeitsverlusten; dafür ist der Preis aber um etwa 25% höher. Die Preßlinge können nur in Spezial-Entwicklern gebraucht werden (Beagid-Entwickler, Perkeo-Entwickler), vgl. S. 53.

Die *Vergasung von Karbid* geht, wie folgt, vor sich:

Karbid +	Wasser =	gelöschter Kalk (Schlamm)	+ Azetylengas	+ Wärme
CaC_2 +	$2 H_2$	$= Ca(OH)_2$	$+ C_2H_2$	+ Wärme
1 kg	0,56 kg	1,16 kg	349 Liter	516 kcal

Die freiwerdende *Wärme* erhöht die Temperatur des Kühlwassers im Entwickler erheblich und muß abgeleitet werden, damit das Azetylen gut gekühlt werden kann. Deshalb haben die Entwickler je kg Karbidfüllung mindestens 10 kg Wasserfüllung, die meist das Entwicklungs- und gleichzeitig das Kühlwasser liefert. Der anfallende *Kalkschlamm* (Kalkhydrat), bei „Nass“-Entwicklern mit etwa 80% Wassergehalt, wird in Schlammgruben gesammelt, wo das Wasser verdunstet oder versickert, und nach Trocknung in der Bau- und Landwirtschaft verwendet. Bei „Trocken“-Entwicklern fällt der Kalkrückstand pulverförmig an und kann sofort anderen Zwecken zugeführt werden.

Das technische Azetylen ist meist durch verschiedene Beimengungen verunreinigt, hauptsächlich durch Schwefel- und Phosphorwasserstoff und Ammoniak. Sie werden z. T. im Entwicklerwasser, im Wäscher und in der Wasservorlage restlos ausgewaschen, z. T. müssen sie in chemischen Reinigern entfernt werden, wie dies bei Werkstatt-Entwicklern nicht mehr üblich ist, bei bestimmten Großanlagen aber erforderlich sein kann, z. B. bei der Flaschengaserzeugung.

Ein geringer Teil des erzeugten Azetylens löst sich in dem Entwicklerwasser, das es zur Kühlung durchströmt, und zwar nimmt 1 Liter Wasser bei 15° C mit jeder Atmosphäre Druck 1 Liter Azetylen auf. Von Azeton werden bei 15° C je Atmosphäre Druck 25 Liter Azetylen gelöst. Bei sinkenden Temperaturen nimmt die Aufnahmefähigkeit der Flüssigkeiten zu, bei steigenden nimmt sie ab. Diese Eigenschaft des Azetons wird bei der Herstellung von Flaschengas (Azetylen-Dissous) praktisch ausgewertet (vgl. S. 28).

c) Leuchtgas — Steinkohlengas.

In der Autogentechnik wird es zum Brennschneiden und Oberflächenhärten verwendet, ferner zum Anwärmen und Löten, sowie seltener zur Dünnblechschweißung.

Sein örtlich sehr verschiedener Heizwert, 3500 bis 5000 kcal/m³, bestimmt auch die Verwendbarkeit. Es entsteht durch trockene Destillation der Steinkohle, d. h. durch Erhitzen unter Luftabschluß auf etwa 1200° C, und enthält rund 8% Kohlenoxyd, ist also giftig. Da es, mit Sauerstoff oder Luft gemischt, explosibel ist, und wegen seiner Geruchlosigkeit nicht wahrgenommen werden kann, wird es mit starken Riechstoffen durchsetzt, die den bekannten Leuchtgasgeruch ergeben und auch kleine Gasmengen bemerkbar machen. Versuche, Leuchtgas mit Azetylen, Benzin- oder Benzoldämpfen zu mischen, um so den Heizwert und die niedrige Temperatur zu erhöhen, haben keine Vorteile ergeben. Die Temperatur der Gebläseflamme liegt im Mittel bei 2000° C (vgl. S. 68).

d) Wassergas.

Das Wassergas wird durch Blasen von Wasserdampf durch eine glühende Koksschicht (etwa 1150—1200° C) erzeugt und besteht hauptsächlich aus Kohlenoxyd und Wasserstoff ($CO + H_2$). Das Wassergas hat einen Heizwert von 2600 kcal/m³, ist sehr rein, hat reduzierende Wirkung und verhindert daher die Oxydbildung (Hammerschlag). Die Wärmequelle zum Schweißen gibt die Druckluft-Wassergasflamme im Mischungsverhältnis 2,5:1, Flammentemperatur über 1800° C.

Anwendung in Großbetrieben bei der Schweißung von dickwandigen (über 20 mm Blechstärke) Rohren, Kesseltrommeln u. ä. (vgl. S. 10).

e) Propan.

Da seine kritische Temperatur oberhalb der Raumtemperatur (z. B. 15° C) liegt, wird es bei Kompression auf den zu der jeweiligen Temperatur gehörenden kritischen Druck flüssig. Bei Gasentnahme tritt infolge der Druckverminderung eine Nachverdampfung aus der Flüssigkeit ein. Bei Propan liegen kritische Temperatur und kritischer Druck bei + 96° C und 46 atü, sein Heizwert ist 22350 kcal/Nm³. Wegen der sehr geringen Verbrennungsgeschwindigkeit ist die Flammentemperatur trotz des hohen Heizwertes nur niedrig, 2780° C; daher ist seine schweißtechnische Bedeutung auch nur gering (vgl. S. 68).

f) Benzin- und Benzoldämpfe.

Der flüssige Brennstoff wird aus einem Druckgefäß mit Luftpumpe durch eine Schlauchleitung in den Brenner gedrückt, dort durch eine kleine Flamme erwärmt und verdampft. Die Dämpfe werden im Injektor des Brenners mit Sauerstoff vermischt.

Benzin wird aus der Destillation des Erdöls, neuerdings synthetisch bei der Kohleverflüssigung nach dem Bergius- oder Fischer-Tropsch-Verfahren gewonnen.

Benzol ist ein Nebenprodukt der Leuchtgasanstalten und Kokereien. Anwendungsgebiet: Benzin wird für die Unterwasserschweißung verwendet, beide Brennstoffdämpfe bei Montageapparaten, für Dünnblechschweißung und für Spezialgebiete (vgl. S. 112).

IV. Die Gasflaschen

1. Für verdichtete Gase

Die Betriebsgase für Schneid- und Schweißzwecke, z. B. Sauerstoff und Wasserstoff, werden vom Füllwerk gebrauchsfertig in Flaschen bezogen. Um größere Gasmengen darin speichern zu können, werden die Gase, mit Ausnahme von Azetylen, hoch verdichtet. Der übliche Fülldruck beträgt 150 atü.

Werkstoff und Abmessungen der Flaschen sind genormt. Die Normalflasche ist ein Stahlbehälter aus hochwertigem, nahtlos gezogenem Rohr von etwa 200 mm Durchmesser, 6 mm Wandstärke, 1800 mm Höhe, 75 kg Gewicht und 40 l Fassungsvermögen. Daneben werden für tragbare Geräte auch 10-Liter Flaschen verwendet. Der eingezogene verstärkte Flaschenhals enthält das Gewinde für das Absperrventil. Am unteren Ende ist ein quadratischer Fuß zum sichern Stehen und zum Schutz gegen Rollen aufgezogen. Zum Schutz des Flaschenabsperrventils dient eine aufschraubbare Verschlußkappe. Das Flaschenabsperrventil ist mit konischem Gewinde in den Flaschenhals eingesetzt und hat den Anschlußstutzen für das Druckminderventil, der durch eine Verschlußmutter geschützt ist. Für Sauerstoff hat der Anschlußstutzen R 3/4″-Rechtsgewinde, für alle Brenngase außer Azetylen Linksgewinde W 21,80 × 1/14″. Gewinde und Entnahmeöffnung müssen von Fett und Öl freigehalten werden, vgl. S. 17.

Die Druckgasverordnung schreibt u. a. vor:
Auf den Flaschenhals sind als Kennzeichen aufzuschlagen die Angaben über Eigentümer der Flasche, Art des Gases, Leergewicht, Prüfungsdruck, Tage der amtlichen Abnahme und Überprüfungen, Liter-Inhalt, zulässiger Überdruck der Füllung in kg/cm² usw.

Ferner sollen die Flaschen eine Kennfarbe haben, und zwar einen ganzen Anstrich oder breiten Streifen auf grauem Grund in

blauer Farbe für Sauerstoff,
roter Farbe für Wasserstoff und alle sonstigen Brenngase außer Azetylen (S. 31),
grüner Farbe für Stickstoff, sowie einen
grauen Anstrich für alle sonstigen Gase.

Die gefüllten Flaschen dürfen nicht geworfen, nicht längere Zeit der Sonnenbestrahlung oder der Einwirkung sonstiger Wärmequellen ausgesetzt werden und müssen gegen Umfallen geschützt sein (Wandbefestigung durch Kette, Schelle o. ä.).

Werkstoff und Abmessungen der Stahlflaschen sind genormt. Die Normung sieht als Werkstoff gewöhnliche Kohlenstoffstähle mit den erforderlichen Wandstärken vor. Die neuere Ausführung in hochwertigem Stahl mit hoher Festigkeit bis über 100 kg/cm² gestattet natürlich dünnere Wandstärken, die ein geringeres Gewicht ergeben. Das sind die leichten Stahlflaschen im Gegensatz zu den schweren der älteren Ausführung. Die leichten Flaschen sind für Drücke von 150 und 200 atü zugelassen, die schweren nur für 150 atü.

Der Prüfdruck ist der 1,5fache des Betriebsdrucks, das sind 225 bzw. 300 atü. Alle fünf Jahre, nach Zulassung für den Verkehr, ist die Flasche vom zuständigen Technischen Überwachungsverein erneut nachzuprüfen.

Flascheninhalt.

Das Inhaltsmanometer des Druckminder-(Reduzier-) Ventils (vgl. S. 33 ff.) zeigt bei gefüllter Flasche 150 at Überdruck an. Bei normalem Luftdruck, d. h. ohne meßbaren Überdruck, würde die Flasche 40 l Sauerstoff aufnehmen. Die unter 150 at Überdruck hineingepreßte Menge ist auf 1/150 ihres Raumbedarfs in drucklosem Zustande zusammengedrückt und entspricht $150 \times 40 = 6000$ Litern entspannten Sauerstoffs. Danach ist

Flaschendruck × Flaschenvolumen = Gasmenge in drucklosem Zustand. Man kann also für jeden abgelesenen Flaschendruck die in der Flasche enthaltene Menge entspannten Gases in Litern bei der herrschenden Temperatur errechnen, z. B. Manometerablesung 120 atü, dann ist der Flascheninhalt in Litern bei der herrschenden Tagestemperatur $= 120 \times 40 =$ **4800 Liter.**

Verbrauch.

Aus der Differenz der vor und nach einer Arbeit vom Inhaltsmanometer abgelesenen Überdrücke läßt sich der Verbrauch des Gases in Litern oder Kubikmetern errechnen, z. B.

Ablesung am Inhaltsmanometer vor der Arbeit 150 atü
„ „ „ nach „ „ 100 „

Druckdifferenz 50 atü
Gasverbrauch $= 50 \times 40 =$ **2000 Liter = 2 m³.**

Ist das Litergewicht des Gases bekannt, z. B. des Sauerstoffs, das 1,43 g/l bei 0° C beträgt, so ergibt sich das Gewicht des verbrauchten Sauerstoffs zu

$G = 2000 \times 1{,}43 = 2860\,g =$ **2,86 kg.**

2. Für gelöstes Azetylen

Die Neigung des Azetylens zum explosiven Zerfall bei Drücken über 1,5 atü schließt Speicherung und Transport in leeren Stahlflaschen unter hohem Druck, wie bei Sauerstoff und anderen Gasen, aus Sicherheitsgründen aus. Um aber ohne Eigenerzeugung das Gas an jedem Orte und zu jeder Zeit, in beliebiger Menge und ohne Verluste greifbar zu haben, benutzt man die Lösungsfähigkeit des Azetylens in Azeton (C_3H_6O — Essiggeist), einer brennbaren, wasserklaren Flüssigkeit, zur Herstellung von gelöstem Azetylen (auch Dissousgas genannt vom französischen dissous = gelöst). Die Lösungsflüssigkeit, einfach in die Flasche geschüttet, würde nur den unteren Teil füllen und einen großen Gasraum freilassen, in dem sich nichtgelöstes Gas sammeln und bei Verdichtung weiterhin eine Gefahr bedeuten würde. Deshalb füllt man die Flasche völlig mit einer porösen Masse, die z. B.

aus Kieselgur, Asbestfasern, Holzkohlenstückchen und Zinkzement als Bindemittel bestehen kann und amtlicher Vorschrift und Prüfung genügen muß. Die feinen Kanäle dieser Masse saugen das Azeton auf, wie ein Schwamm das Wasser. Das jetzt unter Druck zugeleitete Azetylen löst sich im Azeton gleichmäßig auf und verteilt sich in den Poren über den ganzen Flaschenraum. Bei Gasentnahme vermindert sich der Druck, und das Lösungsmittel gibt eine entsprechende Menge Gas frei, während die Kapillarwirkung der Poren das Azeton festhält. Wie etwa beim Öffnen einer Selterswasserflasche die Kohlensäure entweicht und dabei Wasser heraussprüht, so kann auch bei ruckweisem, schnellem Öffnen des Flaschenventils die Lösungsflüssigkeit mitgerissen werden, dann können die Flamme nachteilig beeinflußt und Schläuche und Brenner verklebt werden.

Das feste Gerüst der porösen Masse füllt den Raum einer 40-l-Flasche mit etwa 25% = 10 l aus, etwa 75% = 30 l verbleiben als Hohlräume zur Aufnahme des Azetons und des darin gelösten Azetylens. Für Azetylenflaschen ist ein Fülldruck bis zu 15 atü bei 15° C behördlich zugelassen.

Sobald in das Azeton mit dem Gas geringste Mengen Feuchtigkeit gelangen, läßt seine Lösungsfähigkeit außerordentlich stark nach, ebenso machen kleinste Verunreinigungen durch Fremdgase u. a. bereits Schwierigkeiten bei der Verdichtung; es leuchtet auch ein, daß Verunreinigungen, die in die Poren der Flaschenfüllung und das Azeton gelangt sind, praktisch nicht wieder daraus entfernt werden können. Dadurch wird die Gasaufnahme in zunehmendem Maße eingeschränkt und die Flasche sehr bald völlig unbrauchbar. Die Füllwerke führen deshalb Reinigung und Trocknung des Gases besonders sorgfältig durch. Man kann mit einer Reinheit des Flaschenazetylens von 99,5% rechnen.

Bei größerem Gasbedarf sollen mehrere Flaschen

parallel geschaltet werden. Da aus einer Flasche nicht mehr als 1000 Liter Gas in der Stunde entnommen werden sollen, wären z. B. beim Schweißen von 14 bis 20 mm Blechen, das 1400 bis 2000 Liter Azetylen in der Stunde erfordert, mindestens 2 Flaschen zusammenzuschließen, andernfalls könnte Azeton in den Brenner mitgerissen werden. Aus diesem Grunde sollen auch die Flaschen möglichst stehend verwendet werden; müssen sie aber liegen, so sollen sie mit dem Ventil schräg nach oben gelegt werden, damit das Azeton nicht ausfließen kann.

Sicherheitsvorlagen an den Gebrauchsstellen sind bei Verwendung von gelöstem Azetylen nicht erforderlich, weil die poröse Masse einen ausreichenden Schutz gegen Rückzündungen bietet. Die poröse Masse stellt mit ihren unregelmäßigen Poren ein Bündel feinster Röhrchen und geknickter Kanäle dar, das eine zurückschlagende Flamme zerteilt, zu plötzlichem Richtungswechsel zwingt und erstickt und so die Zersetzung des Azetylens verhindert. Bild 9 zeigt eine aufgeschnittene Flasche nach einem Flammenrückschlag. Die Rückzündung wurde im Brenner nicht aufgehalten, durchlief den Brennerschlauch und gelangte in den Flaschenhals, wo sofort die Wirkung der porösen Masse einsetzte. Die rußgeschwärzte Stelle zeigt die kleine Brandstelle, in der die Flamme zum Erlöschen gebracht wurde.

Die gängigsten Flaschengrößen haben einen Rauminhalt von 40, 20, 10, 5 und 2 Litern.

Die Wandstärke kann wegen des geringeren Druckes kleiner sein als bei Sauerstoff-Flaschen, sie beträgt nur 4—5 mm.

Der zulässige Betriebsdruck für Stahlflaschen mit gelöstem Azetylen ist 15 atü, der Prüfdruck 60 atü. Nach fünfjähriger Laufzeit der Flaschen muß eine Überprüfung durch den zuständigen Technischen Überwachungsverein stattfinden.

Die Kennzeichen der Dissousgasflaschen sind

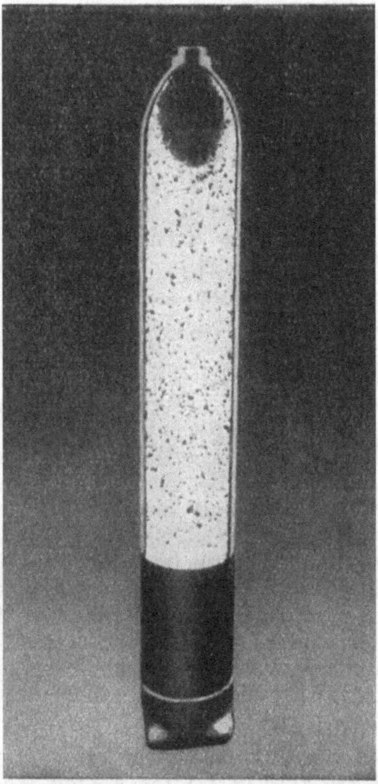

Bild 9. Aufgeschnittene Azetylenflasche nach Flammenrückschlag

die gleichen wie die der Sauerstoff-Flaschen. Zusätzlich verlangt wird die Angabe der Art der porösen Masse und der Firma, die sie eingefüllt hat.

Die Kennfarbe ist gelb. Auf den Unterschied in der farbigen Kennzeichnung zwischen den Brenngasflaschen und den Rohrleitungen sei hier hingewiesen (vgl. S. 81).

Das Flaschenventil entspricht dem der Sauerstoff-Flaschen, nur erfolgt der Anschluß des Druckminderers hier nicht mit Gewinde und Überwurfmutter, sondern mit Druckschraube und Überwurfbügel an einem Ringzapfen (vgl. Bild 12/13).

Die Flaschen müssen vorsichtig behandelt und gegen Wärmestrahlung jeder Art geschützt werden. Mit steigender Temperatur sinkt die Lösungsfähigkeit des Azetons (vgl. S. 24), dann wird das Gas frei und der Druck steigt schnell auf unzulässige Höhe an.

Flaschenbrände können leicht durch Undichtigkeiten am Flaschenventil entstehen und müssen mit Kohlensäure, Stickstoff oder geeigneten Feuerlöschern abgelöscht werden, da Wasser unwirksam ist. Eine direkte Explosionsgefahr besteht, sobald durch äußere Einflüsse die Zersetzungstemperatur, die zwischen 400 und 500° C liegen dürfte, erreicht wird, jedoch ist sich die Forschung über die genaue Höhe nicht einig. Brennende Flaschen sind möglichst vor Erreichung einer Temperatur von etwa 50° C ins Freie zu schaffen. Ist das nicht mehr möglich, so ist die Werkstatt zu räumen und die Flasche aus geschütztem Stande zu kühlen. Nach Erlöschen des Brandes ist die Kühlung des Flaschenmantels solange fortzusetzen, bis von innen her keine Erwärmung mehr festgestellt werden kann. Erst dann ist die Flasche völlig ungefährlich.

Flascheninhalt.

1 Liter Azeton löst bei 1 Atm. etwa 25 Liter Azetylen; bei 15 atü sind in 1 Liter Azeton etwa 380 Liter Azetylen enthalten. In einer normalen 40-Liter-Flasche kann man danach etwa 6000 Liter Gas aufspeichern. Azetylen ist aber in seinem Druck mehr als andere verdichteten Gase von der Temperatur abhängig. Bei 15° C und dem vorgeschriebenen Fülldruck von 15 atü enthält die Azetylenflasche etwa 10% weniger Gas als die gleich große Sauerstoff-Flasche für 150 atü Fülldruck.

Der **Inhalt** einer vollen 40-Liter-Azetylenflasche bestimmt sich demnach bei 15° C annähernd zu 0,9 × 6000 = 5400 Litern; bei gleichbleibenden Temperaturen und weiterer Druckabnahme auf 10 atü zu etwa 3600 Litern, auf 5 atü zu etwa 1800 Litern. Genaue Ergebnisse kann man nur durch Wiegen der Flaschen erhalten. Auch der **Verbrauch** ist nur durch Wiegen der Flasche vor und nach der Arbeit genau zu ermitteln, z. B.:

	Flaschengewicht vor der Arbeit	71,500 kg
—	Flaschengewicht nach der Arbeit	70,700 kg
	Gasverbrauch in kg	**0,800 kg**
	Gasverbrauch in m³ = 0,8 × 0,90 =	**0,720 m³**

Bei 15° C und 760 Torr wiegt 1 m³ Azetylen 1,11 kg und beansprucht 1 kg Azetylen einen Raum von 0,90 m³.

Die reine Schweißstunde unter Berücksichtigung aller Unkosten einschließlich Amortisation usw., aber ohne Löhne für Vor- und Nacharbeiten, erfordert bei Verwendung von Flaschengas im Durchschnitt einen Zuschlag von etwa 30% zu den für Entwicklergas errechneten Stundensätzen.

V. Druckminderer

Die Flaschendrücke von 150 bzw. 200 atü für Sauerstoff und 15 atü für Azetylen sind als Arbeitsdrücke an den Brennern zu hoch und müssen daher entsprechend herabgesetzt werden. Wenn der Flaschendruck bei steigender Temperatur sich erhöht oder bei laufender Gasentnahme sinkt, soll am Brenner doch ein unverändert gleichmäßiger Arbeitsdruck herrschen, um das Mischungsverhältnis der Schweißgase konstant zu halten. Diese Doppelaufgabe übernehmen die Druckminderer (Reduzierventile).

Die Druckminderer werden als hebellose oder als Hebelventile mit ein- oder mehrstufiger Druckminderung für Arbeitsdruckbereiche von 0—10 und 0—20 atü gebaut. Bild 10 zeigt das Schema eines einstufigen Hebelventils. In der Ruhelage ist die Stellschraube 1 herausgedreht, die Stellfeder 2 und die Membrane entspannt, die Schließfeder 4 hält mit dem Doppelhebel das Ventil 5 geschlossen. Nach Öffnung des Flaschenventils zeigt der Inhaltsdruckmesser 8 den Flaschendruck P an, zur Gasentnahme ist Stellschraube 1 bei geöffnetem Auslaßventil 6 hineinzudrehen und damit die Stellfeder 2 zu spannen, die Membrane 3 durchzubiegen und durch ihre Einwirkung auf Schließfeder 4 und Doppelhebel das Hochdruckventil 5 nach Bedarf zu öffnen. Ein im Gehäuse entstehender Überdruck wirkt auf die Unterseite der Membrane der Stellfeder entgegen, die Schließfeder folgt mit dem Doppelhebel der Membrandurchbiegung und schließt das Einlaßventil 5. Bei gleichbleibender Gasentnahme führt das Kräftespiel zwischen dem Gasdruck auf die Membrane einerseits und dem Stellfederdruck andererseits zu einem Gleichgewichtszustand. Durch dauernde Gasentnahme sinken der Flaschendruck und die Ausströmmenge und -geschwindigkeit, das Nachstellen der Einstellschraube wird erforderlich. Die einstufigen

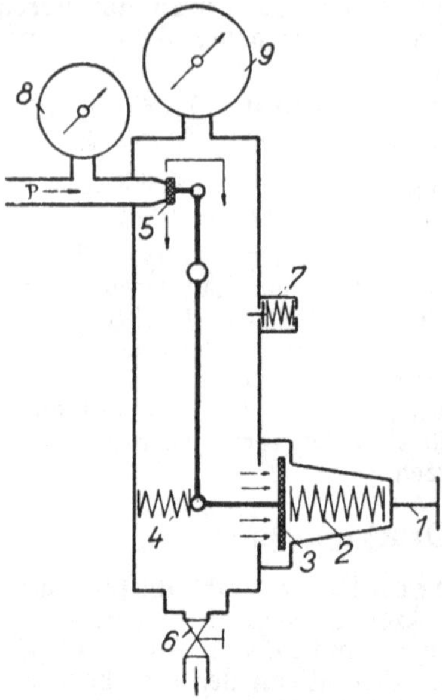

Bild 10. Schema eines einstufigen Hebel-Druckminderers

Druckminderer können bei schwankendem Vordruck einen gleichmäßigen Arbeitsdruck nicht halten.

Bild 11 zeigt ein hebelloses zweistufiges Ventil, bei dem die Regulierung durch Drosselventile und Membrane erfolgt. Den Flaschendruck P des einströmenden Hochdruckgases zeigt das Inhaltsmanometer 1 an.

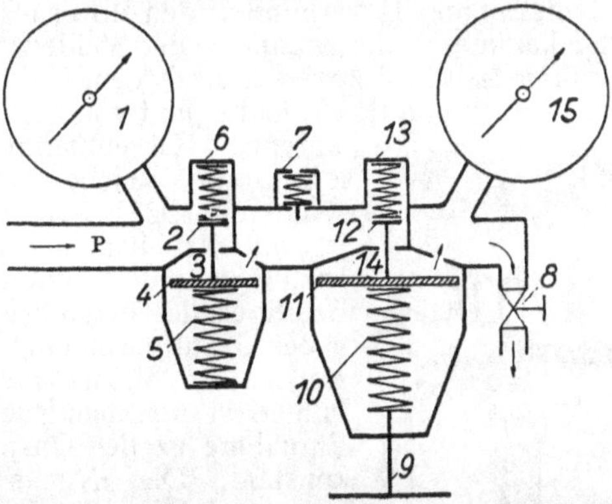

Bild 11. Schema eines hebellosen zweistufigen Druckminderers

In Ruhelage ist die Einstellfeder 10 der 2. Stufe entspannt und die Einstellschraube 9 gelöst, während die 1. Stufe auf eine Minderung des Druckes von Flaschendruck auf 18—20 atü bereits von der Fabrik eingestellt ist.

Beim Öffnen des Flaschenventils strömt der Hochdruck-Sauerstoff durch das je nach Einstellung verschieden weit geöffnete Drosselventil 2 in die Zwischenkammer 3 solange, bis der Druck auf die Membrane 4 die eingestellte Spannung der Stellfeder 5 überwindet und mit der Durchbiegung der Membrane das Drosselventil 2 unter Mitwirkung der Schließfeder 6 schließt. Unzulässiger Überdruck, etwa infolge ruckweisen Öffnens des Flaschenventils, kann durch das Sicherheitsventil 7 entweichen.

Zur Gasentnahme wird bei geöffnetem Auslaßventil 8 (und Sauerstoffventil am Brenner) durch Hineinschrauben der Stellschraube 9 die Stellfeder 10 gespannt, die Membrane 11 durchgebogen und das Drosselventil 12 geöffnet unter Überwindung des Druckes der Schließfeder 13. Das Ausströmen des Gases aus der Arbeitskammer 14 vermindert den Vordruck in der Zwischenkammer 3, die Spannung der Stellfeder 5 vermag das Drosselventil 2 wieder zu öffnen, Hochdruckgas strömt nach und das Spiel beginnt von neuem. Bei laufender Gasentnahme tritt sofort ein Gleichgewichtszustand ein. Der Arbeitsdruck ist am Arbeitsmanometer 15 abzulesen und lediglich durch Betätigen der Einstellschraube 9 der 2. Stufe einmalig einzustellen. Er bleibt auch bei fallendem Flaschendruck und Entnahme großer Gasmengen konstant. Die Druckschwankungen infolge Veränderung des Flaschendruckes wirken sich nur in der 1. Stufe aus und beeinflussen den Arbeitsdruck nicht.

Bild 12. Zweistufiges Druckminderventil für Sauerstoff-Flaschen

Infolge starker Entspannung und bei länger dauernder Entnahme großer Gasmengen kühlt sich das Ventil stark ab, so daß bei geringem Feuchtigkeitsgehalt des Gases der Druckminderer einfrieren kann. Durch mehrstufige Entspannung kann dem vorgebeugt werden.

Zum Anschluß an das Sauerstoff-Flaschenventil hat der Anschlußstutzen des Druckminderers eine Überwurfmutter mit R 3/4"-Rechtsgewinde (Bild 12). Das Azetylen-Druckminderventil wirkt so wie das für Sauerstoff, wird aber mit Anschlußbügel und Druckschraube (Zapfenanschluß) an das Flaschenventil angeschlossen (Bild 13). Bei fahrlässigem, zu schnellen

Öffnen des Flaschenventils kann die Temperatur im Anschlußstutzen des Druckminderers durch den plötzlichen Druckstoß so stark ansteigen, daß die Hartgummidichtung des Drosselventils zur Entflammung kommt, die Flamme der mit reinem Sauerstoff heftig verlaufenden Verbrennung entzündet die Gummimembrane, die wiederum die Stahlfeder zum Verbrennen und das Ventilgehäuse zum Schmelzen bringt. Dieses

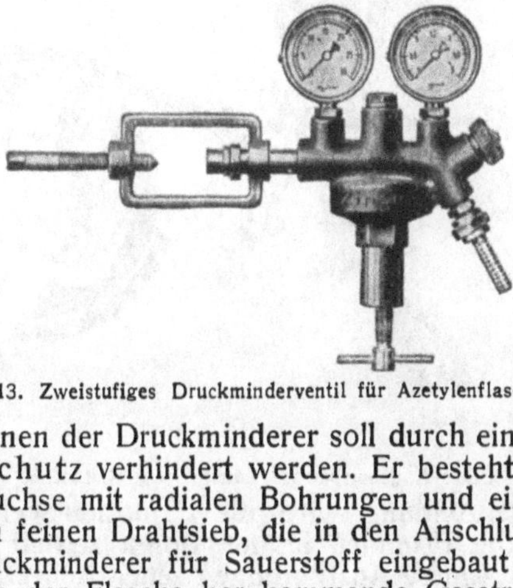

Bild 13. Zweistufiges Druckminderventil für Azetylenflaschen

Ausbrennen der Druckminderer soll durch einen Ausbrennschutz verhindert werden. Er besteht in einer Metallbuchse mit radialen Bohrungen und einem eingelegten feinen Drahtsieb, die in den Anschlußstutzen der Druckminderer für Sauerstoff eingebaut werden. Der von der Flasche her kommende Gasstrom wird beim Durchgang durch den Ausbrennschutz zerteilt, in seiner Richtung mehrfach abgelenkt und stark gebremst, die Verdichtungswärme wird durch die vergrößerte Oberfläche (Buchse, Bohrungen, Sieb) abgeleitet. Unzulässige Drucksteigerungen, die doch noch an das Drosselventil der 1. Stufe gelangen sollten, beseitigt das mit der Zwischenkammer verbundene Sicherheitsventil, so daß sich gefährliche Temperaturen an Ventil und Membrane nicht mehr entwickeln können. Gegen die Gefahren von der Brennerseite, die Flammenrückschläge, vgl. IV, 2, schützt den Druckminderer und die Gasflasche eine Schutzpatrone, die zwischen Auslaßventil des Druckminderers und Schlauchtülle eingebaut wird (Bild 14). In einem Gehäuse befindet sich ein Schutzstein aus poröser Masse, den das Gas auf dem Wege zum Brenner durchströmt. Bei

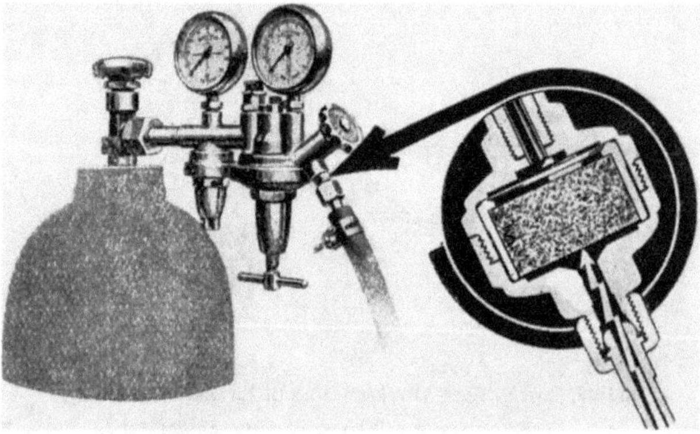

Bild 14. Schutzpatrone (Ausführung Griesheim)

einer Rückzündung wird die Explosionswelle abgebremst, die Flammen in den Poren zerteilt und erstickt. — Andere Ausführungen sehen zum Druckminderer hin noch ein Rückschlagventil, das normal von Brenngasdruck offen gehalten wird, vor. Hier schließt bei einem Rückschlag die durch den porösen Stein verlangsamt hindurchtretende Druckwelle das Rückschlagventil und unterbricht den weiteren Gasstrom.

Dosierte Druckminderer.

Die bisher besprochenen Druckminderer zeigten nur den Flascheninhalt und den Arbeitsdruck an. Besondere Betriebsverhältnisse, wie sie z. B. bei der Sauerstoff-Wasserstoff-Flamme vorliegen, machen aber die

Einstellung und Ablesung der durchströmenden Gasmenge erforderlich, um die aus dem Flammenbild nicht zu erkennende richtige Gemischbildung auch sicher zu erhalten (vgl. S. 68). Durch Einsetzen einer Patrone in den Auslaßstutzen, deren unveränderlicher Querschnitt auf den vorhandenen Vordruck abgestimmt ist, läßt sich die Durchflußmenge des Gases regulieren. Das Arbeitsmanometer kann für die jeweils eingebaute Patrone auf den Gasdurchgang in Liter pro Minute geeicht werden. Der „dosierte Druckminderer" wirkt nun als Mengenregler, und ermöglicht, wenn für beide Schweißgase verwendet, die einwandfreie Einstellung des gewünschten Gasgemisches.

VI. Azetylen-Entwicklungsanlagen

Entwickler.

Die Eigenerzeugung von Azetylen aus Kalziumkarbid wird heute in nahezu allen metallverarbeitenden Betrieben vorgenommen, sofern nicht das teuerere Flaschengas bevorzugt wird. Die Konstruktion der Anlagen, ihre Aufstellung, Prüfung, Abnahme, Zulassung usw. ist durch die Bestimmungen der Azetylenverordnung (AV.), ihre technischen Grundsätze und Anlagen geregelt. Die AV. unterscheidet:

a) Montage-(M-) Entwickler bis zu 2,5 kg Karbidfüllung, die zur vorübergehenden Verwendung in jedem Raume ohne weiteres zugelassen sind. Es sind kleine, tragbare Geräte, die für handwerkliche Reparaturarbeiten außerhalb der Werkstatt viel verwendet werden,

b) freizügige (J-) Entwickler bis zu 10 kg Karbidfüllung und bis zu 6000 l/h Höchstleistung. Sie dürfen in Betriebsräumen aufgestellt werden, die für jeden Entwickler 60 m^3 Luftraum und 20 m^2 Grundfläche bei ausreichender Belüftung haben.

c) Großentwickler (S-Entwickler) von über 10 kg Karbidfüllung, die genehmigungspflichtig sind und in besonderen Entwicklerräumen aufgestellt werden müssen.

In der AV. nicht verankert ist die im technischen Sprachgebrauch noch verwendete, aber nicht immer eindeutige Einteilung der Entwickler nach den Betriebsdrücken:

Niederdruck-Entwickler mit Betriebsdruck bis etwa 400 mm WS

Mitteldruck-Entwickler mit Betriebsdruck bis etwa (1200—)2000 mm WS = (0,12—) 0,2 atü

Hochdruck-Entwickler mit Betriebsdruck bis etwa 15000 WS = 1,5 atü

Da die Druckbegrenzungen in der Praxis fließend geworden sind und die Nieder- und Mitteldruckapparate meist offene, die Hochdruckapparate stets geschlossene Bauart zeigen, wird heute meist von Entwicklern offener (bis 0,2 atü) und geschlossener Bauart (bis 1,5 atü) gesprochen.

Die Gasentwicklung erfolgt entweder durch Einwurf von Karbid ins Wasser oder durch Zulauf vom Wasser zum Karbid (Schubladenbeschickung) oder durch periodische Berührung von Karbid und Wasser (Korbbeschickung, Verdrängungssystem).

Von allen Bauformen wird ein reines, gut gekühltes Gas verlangt, ferner geringe Nachvergasung, keine Gasverluste durch Übergasen und bei längerer Nichtbenutzung, vollständige Ausgasung des Karbids, ausreichend hoher, gleichbleibender Gasdruck mit präzis arbeitender Druckregelung und einfache, saubere Entschlammung. Bei Schubladen- und Korbbeschickung sind zu Beginn eine stürmische Entwicklung, bei weiterer Vergasung Druckschwankungen und zum Ende hin Druck- und Leistungsabfall zu beobachten.

Ob das Gas unter Nieder-, Mittel- oder Hochdruck erzeugt und weitergeleitet wird, ist an sich gleichgültig. Zur Erzielung einer neutralen Flamme ist eine bestimmte Menge Azetylen erforderlich, die unter konstantem Druck zugeführt werden muß. Je besser der Druck konstant gehalten werden kann, desto geringer kann die Druckhöhe sein. Grundsätzlich soll mit dem

Druck nicht höher gegangen werden, als zur Erzielung einer einwandfreien Schweißflamme unter Berücksichtigung der Druckverluste in den Rohrleitungen nötig ist. Die nachfolgenden typischen Beispiele sollen einen Überblick über den Stand des Entwicklerbaues für Groß-

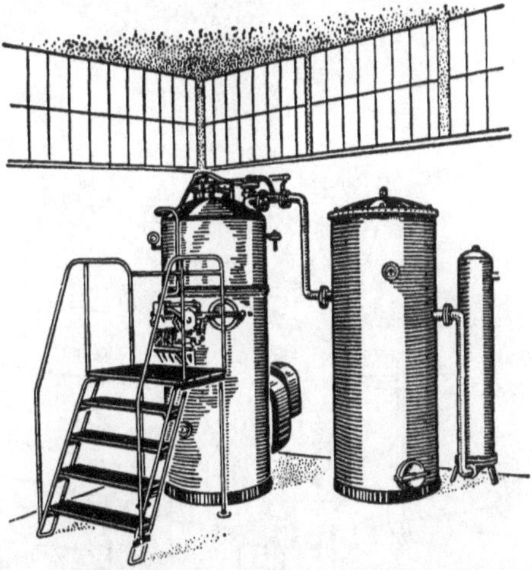

Bild 15. Hochdruck-Einfall-Entwickler, Bauart Müller-Opladen

und Kleinanlagen geben, wobei ausdrücklich bemerkt wird, daß auch hier nicht genannte Firmen gleiche und gleichwertige Erzeugnisse auf den Markt bringen.

Eine Neukonstruktion nach dem Kriege zeigt die Firma J. u. W. Müller, Opladen/Köln, in ihrem vollautomatischen HDF-Hochdruck-Einfallentwickler, Bild 15, der für 50, 100, 300, 500, 1000 kg Karbidfüllung, Gasdrücke wahlweise einstellbar von 0,3—1 atü, und für Dauerleistungen von 7000, 15000, 30000, 50000, 80000 l/h gebaut wird. Mindestraumhöhe für die 100-kg-Anlage 3,8 m, für die 1000-kg-Anlage 6,8 m. Bei Doppelanlagen erhöht sich die Leistung entsprechend. Karbidkörnungen von 4/7—50/80 mm, auch un-

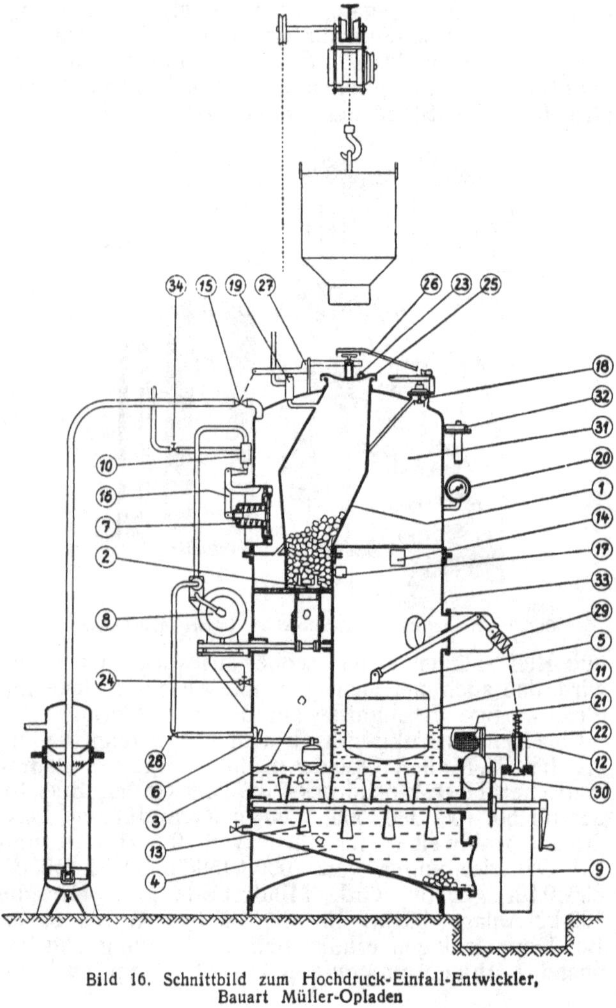

Bild 16. Schnittbild zum Hochdruck-Einfall-Entwickler, Bauart Müller-Opladen

sortiert. Mit Füllgefäß wird ohne Luftzutritt Karbidbehälter 1 beschickt, Bild 16, durch vom Wassermotor 8 betätigte Beschickungsvorrichtung 2 fällt Karbid in die Entwicklungskammer 4, aus der das Azetylengas über einen Reiniger in den Sammelbehälter gelangt. Die Membransteuerung 7 regelt Wasserzulauf aus Wasserleitung zum Wassermotor 8 und dadurch

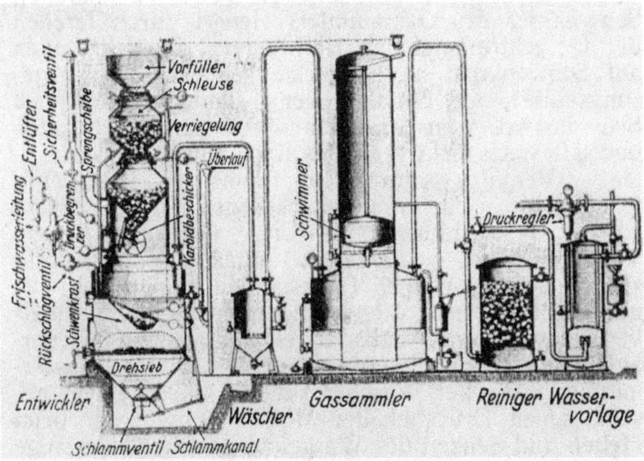

Bild 17. Hochdruck-Ein-Entwickleranlage der Firma Griesheim-Autogen, Frankfurt/Main

gleichzeitig die Gaserzeugung in Anpassung an den Verbrauch. Durch Ventil 12 erfolgt automatisch die luftfreie Entschlammung, gesteuert durch Schwimmer 11 mit Steuerung 29. Vom Sammelbehälter über die Hauptstellenwasservorlage gelangt das Azetylengas in die Werkstattleitung. Druck und Leistung von Beginn bis Schluß des Vergasungsprozesses konstant. Bedienung nur zum Karbideinfüllen! Keine weitere Wartung! Die Anlage arbeitet vollautomatisch mit konstantem Druck.

Auch die in Bild 17 schematisch dargestellte ortsfeste Hochdruck-Ein-Entwickleranlage der Firma Griesheim-Autogen, Frankfurt/Main, läßt in keinem Betriebszustande explosive Azetylen-Luftgemische entstehen. Karbidfüllung 100, 200 und 300 kg, Dauerleistungen von 25000—75000 l/h. Bei Doppelanlagen 100000—150000 l/h. Karbidkörnung 25/50 mm. Karbidzuführung über Vorfüller und Schleuse in Vorratsraum, Schwimmer des Gassammlers steuert durch Drehen der Gefachtrommel den Karbideinfall in Teilmengen auf Schwenkrost im Entwicklungswasser (1. Vergasungsstufe), vor Einfall neuer Teilmenge dreht sich Schwenkrost, vom Schwimmer gesteuert, nach unten und läßt noch nicht vergastes Karbid auf Drehsieb fallen (2. Vergasungsstufe); Betätigung des Drehsiebes von Hand in längeren Zeitabständen läßt noch nicht ausgegaste Karbidreste auf Entwicklerboden sinken, wo sie vollends ausgasen (3. Vergasungsstufe). Kalkschlamm mit sonstigen Rückständen muß durch Öffnen des unter dem Wasserspiegel des Schlammkanals liegenden Schlammventils abgelassen werden. Wiederauffüllung des Entwicklerwassers aus der Wasserleitung. Gas über Wäscher zum Sammler, einem geschlossenen Druckbehälter, dessen Schwimmer beim Heben und Senken des Wasserspiegels über Gestänge und Seilzüge die Gefachtrommel für den Karbideinfall und den Schwenkrost bewegt. Nach mechanischer und chemischer Reinigung gelangt das Gas durch Hauptwasservorlage, Absperrventil und Druckregler, der die Steuerdrucksschwankungen des Apparates von der Verbrauchsleitung fern hält, mit gleichmäßigem Druck zu den Entnahmestellen. Betriebsdruck in der Verbrauchsleitung ist nach Bedarf bis 0,5 oder 0,9 atü. Wartung zum Karbideinfüllen, Betätigen des Drehsiebes und Entschlammen nötig.

Vollkommen automatische Gaserzeugung, Frischwasserzufuhr und Entschlammung hat der Rekord-Entwickler der Autogenwerk Sirius G.m.b.H., Düsseldorf,

Bild 18. Sirius-Rekord, 100 kg-Füllung

System „Karbid ins Wasser“, offene Bauart, 435 bis 1000 mm WS; Karbidkörnung 4/7 mm bei 10 und 50 kg Füllung, 4/7 bis 15/25 mm bei 100 und 300 kg Füllung. Normalleistung 6000 bis 25000 l/h. Bild 18 zeigt die 100-kg-Anlage mit 12000 l/h Leistung. Horizontaler Zylinder 4, Bild 19, trägt rechts Einfallschacht 5 mit Karbidbehälter 6 nebst Beschickungsteller, links Schlammabflußrohr 7, innen Schnecke als Rührwerk. Zylinder 1 enthält Sperrwasser für schwimmende Glocke 2, die Gassammler ist und Wassermotor 8 steuert. Auf- und Abgehen der Glocke schaltet durch Hebelwerk Motor 8 aus und ein, der Wasserzulauf und Karbideinfall in genau bemessenen Mengen und nach konstantem Verhältnis regelt und über Gestänge 9 die Schnecke betätigt. Frischwasser aus Wasserleitung.

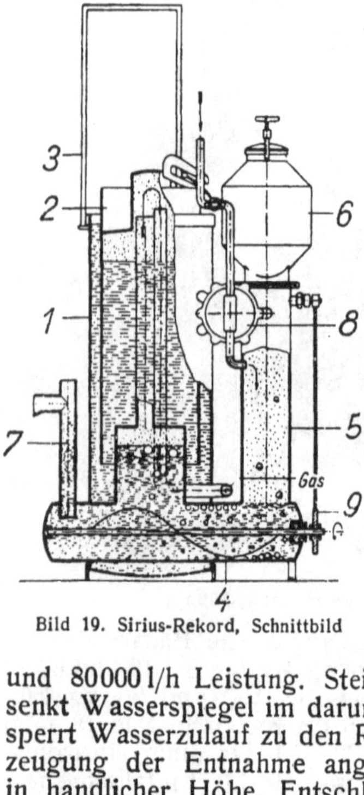

Bild 19. Sirius-Rekord, Schnittbild

Luftfreie Beschikkung und Entschlammung. Ununterbrochener Betrieb auch des 10-kg-Entwicklers (J), wie bei Großanlagen.

Bequeme Bedienung, leichte Unterbringung und große Raumersparnis bringt die horizontale Einheitsbauart für Großbetriebe der Apparatebau Conrad Beland G.m.b.H., Pinneberg/Holstein. Mit 2 bis 4 Retorten und 30 bis 240 kg Karbidfüllung bei Einzelentwicklern lassen sich nach Bedarf Anlagen jeder Größe herstellen; Bild 20 zeigt eine Hochdruck-Anlage für 480 kg Karbidfüllung und 80000 l/h Leistung. Steigender Druck im Dom senkt Wasserspiegel im darunterliegenden Regler und sperrt Wasserzulauf zu den Retorten, wodurch Gaserzeugung der Entnahme angepaßt wird. Schubladen in handlicher Höhe, Entschlammung durch Herausziehen der gefächerten Schubladen und Entleerung über Schlammfänger in Schlammkanal. Wasserablassendes Sicherheitsventil, kein Gasverlust. Raumhöhe nicht mehr als 3,5 m.

Einen Hochdruck-Schubladen-Entwickler für 2×2,5 bzw. 2×5 kg Karbidfüllung baut die Adolf Messer G.m.b.H., Frankfurt/Main für 1500 bzw. 2500 l/h Leistung, Karbidkörnung 25/50 und 50/80 mm, Bild 21,

Schublade nicht gefächert, wie bisher üblich, sondern ungeteilt. Wasserverteilung durch Rinne mit Bohrungen gleichmäßig über ganze Schubladenlänge. Wassermenge genau dosiert mittels Wasserdruckregler, der vom Gasdruck des Behälters gesteuert wird. Gasdruckregler. Frischwasserleitungsanschluß an Wäscher (über dem Entwickler) möglich, ohne Anschluß Wäscher nach jeder Neubeschickung frisch füllen. Durch Umschalten von einer zur anderen Schublade dauernder Gasstrom. Gasreinigung und -kühlung durch Wäscher, Gassammlungsraum über den vom Kühlwasser umgebenen Retorten, Entschlammung durch Reinigung der Schubladen.

Bild 20. Horizontale Großanlage für 80000 l/Std.

Das Autogenwerk Zinser, Ebersbach-Fils (Württ.), zeigt an seinem halbautomatischen Ein- und Zweischubladenentwicklern als besondere Neuheit ei-

Bild 21. Messer-Hochdruck-Schubladen-Entwickler, 2 × 2,5 kg Füllung

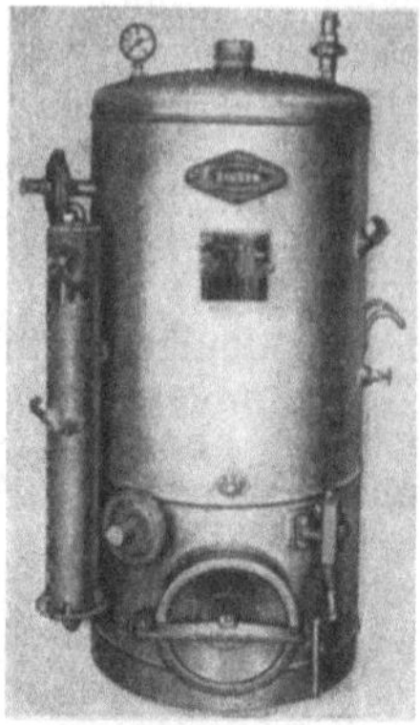

Bild 22. Halbautomatischer Schubladen-Entwickler mit Überflutungsschutz, Bauart Zinser

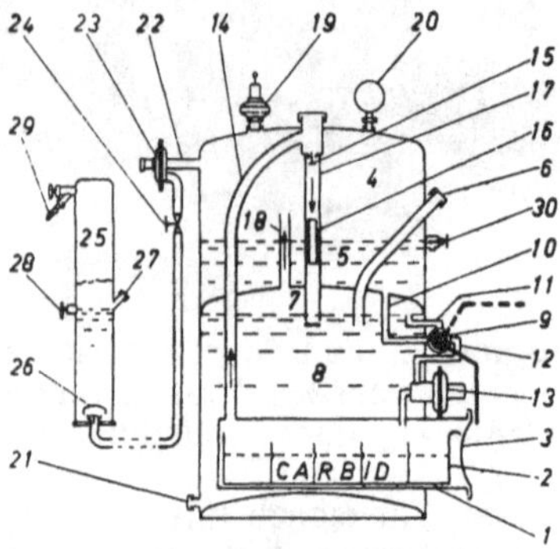

Bild 23. Schema zu Bild 22

nen selbsttätigen Überflutungsschutz der Karbidschublade, Bild 22 und 23. Der Raum zwischen Retorte 1 und Schublade 2 bleibt frei von Schlammwasser. Dadurch Entschlammung bedeutend vereinfacht und vervollkommnet. Ein besonderer Meßraum 7 gibt an Schublade 2 nur so viel Wasser ab, daß sie zwar reichlich überschwemmt, aber nicht völlig angefüllt wird. Meßrauminhalt reicht für 4 bzw. 6 Füllungen. Zur Schubladenfüllung Sperrhebel am Steuerventil 9 herumlegen, dadurch Retortenverschluß 3 entsperrt, Wasserzulauf unterbrochen und dosierte Wassermenge aus Wasservorratsraum 5 nach Meßraum 7 übergeleitet. Nach Zurückschalten des Sperrhebels gelangt wieder Wasser aus Meßraum 7 über Steuerventil 9 durch Entwicklerwasserleitung 12 und Wasserzulaufregler 13 in Schublade 2, Gasentwicklung setzt wieder ein, Gasweg über Steige- und Kühlrohr 14, Rückschlagventil 15, Wäscher und Kühlrohr 17 ins Kühlwasser 8 zum Waschen und Kühlen, durch Verbindungsrohr 18 weiter zum Gassammelraum 4, über Auslaßstutzen 22, Konstantdruckregler 23 und Hochdruckwasservorlage 25 zum Gasentnahmeventil 29. Manometer 20 zeigt Gasdruck an, bei 0,4 atü Druck im Entwickler schließt Wasserzulaufregler 13 den Zufluß ab und unterbricht die Vergasung, bei Druck unter 0,4 atü gibt Regler Zufluß wieder frei. Wassernachfüllung bei Wasserleitungsanschluß automatisch. Wartung nur zur Entleerung

Bild 24. Hochdruckentwickler „Fortschritt", 2 × 5 kg Füllung

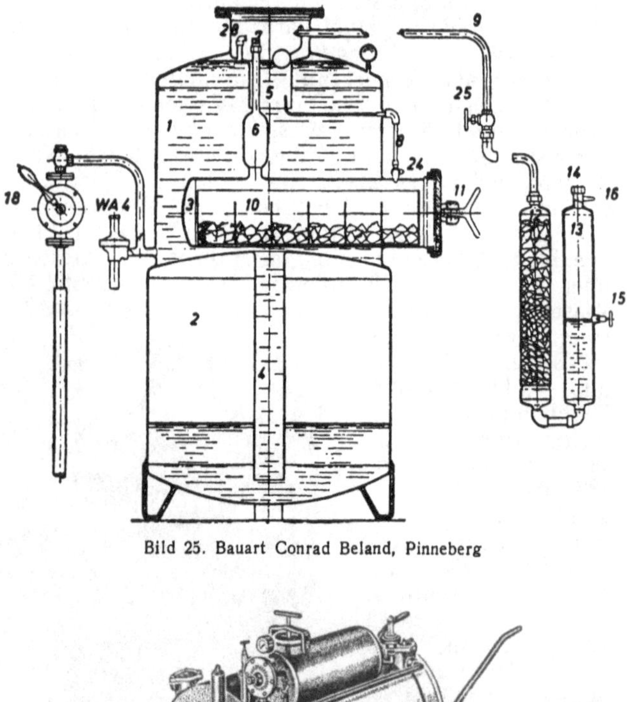

Bild 25. Bauart Conrad Beland, Pinneberg

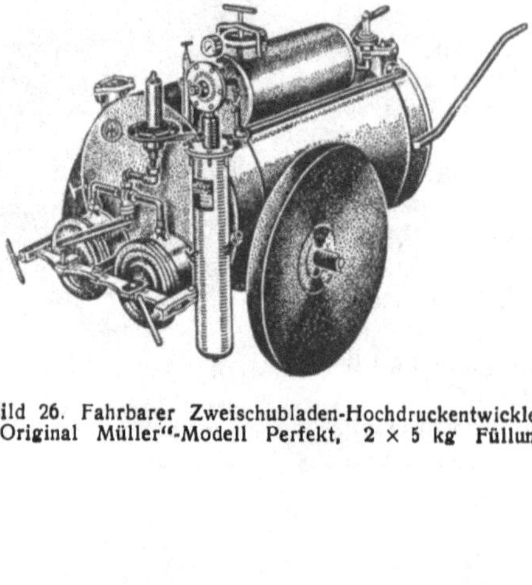

Bild 26. Fahrbarer Zweischubladen-Hochdruckentwickler „Original Müller“-Modell Perfekt, 2 × 5 kg Füllung

und Beschickung der Schubladen, wodurch laufende Gasentnahme nicht unterbrochen wird. Karbidfüllung 3 und 2×3, 5 und 2×5, 2×10, 2×25 kg, Körnung 25/50 mm, Dauerleistung 1500, 2500, 5000, 12500 l/h.

Dauerbetrieb bei bequemer, einfacher Bedienung zeigt der Hochdruckentwickler „Fortschritt" der Apparatebau Conrad Beland G.m.b.H., Pinneberg/Holstein, Bild 24 und 25. Schubladen in handlicher Höhe,

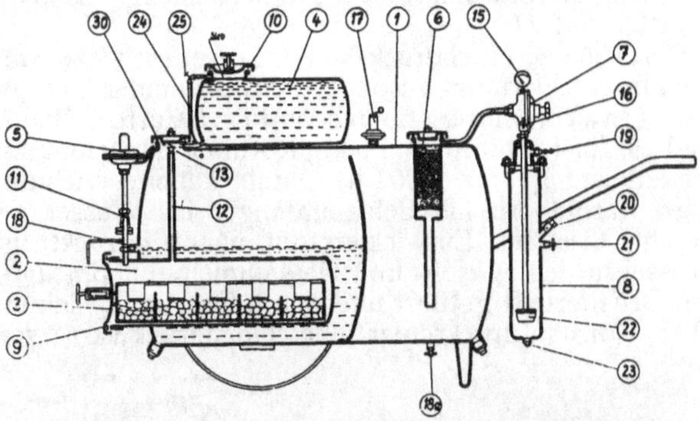

Bild 27. Fahrbarer Hochdruckentwickler „Original Müller"-Perfekt, Schnittbild

wechselweise Vergasung, Gassammlung in Regler 5, steigender bzw. fallender Gasdruck im Regler reguliert Wasserzulauf zu den Retorten durch Zulaufrohr 8. Wasserablassendes Sicherheitsventil, daher kein Gasverlust. Bei Wasserleitungsanschluß automatische Wasserzuführung über Wasserdruckminderer, sonst durch Handpumpe 18. Karbidfüllung 2 × 5 kg, Körnung 25 × 80 mm, Dauerleistung 3000 l/h. Wartung zur Reinigung der Retorten und Entschlammung und Füllung der Schubladen.

Einen modernen Apparat besonders für Baustellen und Montagen zeigt der fahrbare Zweischubladen-

Hochdruckentwickler „Perfekt“ der Firma J. u. W. Müller G.m.b.H., Opladen/Köln. Horizontaler Kühlwasser- und Gassammelbehälter 1 mit zwei wechselweise zu betreibenden Retorten 2 und Schubladen 3, Wasserzulaufsystem aus Entwicklungswasserbehälter 4 durch Regler 5 vollautomatisch, kein Überschwemmen der Retorte, eingebauter Reiniger 6, Konstantdruckregler 7. Ununterbrochene Gasentnahme, Dauerleistung 3000 l/h, Karbidfüllung 2×5 kg, Körnung 3500 l/h, Bild 26 und 27.

Einen neuen Hochdruck-Verdrängerentwickler mit vom Entwicklerraum gesonderten Gassammler baut das Autogenwerk Zinser, Ebersbach-Fils (Württ.), Bild 28 und 29, für Karbidfüllung 5 kg, Körnung 50/80 mm und Dauerleistung von 3500 l/h. Durch Tauchvorrichtung wird Karbidkorb mit Schlammfänger ins Wasser gebracht, Gas aus Entwicklerraum über Gasrücktrittsdrossel in den Wasch- und Gassammelraum (im unteren Behälterteil) geführt und durch Gasabgangsleitung über Konstantdruckregler und Hochdruckwasservor-

Bild 28.

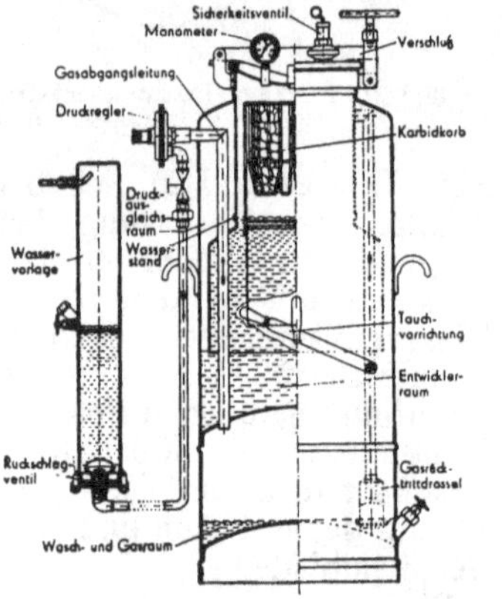

Bild 29.

Verdränger-Hochdruckentwickler, 5kg Füllung, Bauart Zinser-Ebersbach/Fils

lage zum Gasentnahmestutzen geleitet. Steigender Druck drängt Wasser vom Karbidkorb ab in den ringförmigen Druckausgleichsraum hinein, bei Gasentnahme und fallendem Druck wird Wasser wieder an Karbid herangedrückt. Großer Gassammelraum kann Nachvergasung aufnehmen, daher kein Gasverlust durch Abblasen. Entwicklergrößen für Dauerleistungen von 400 bis 15000 l/h, bei Doppelentwicklern von 3500 bis 25000 l/h.

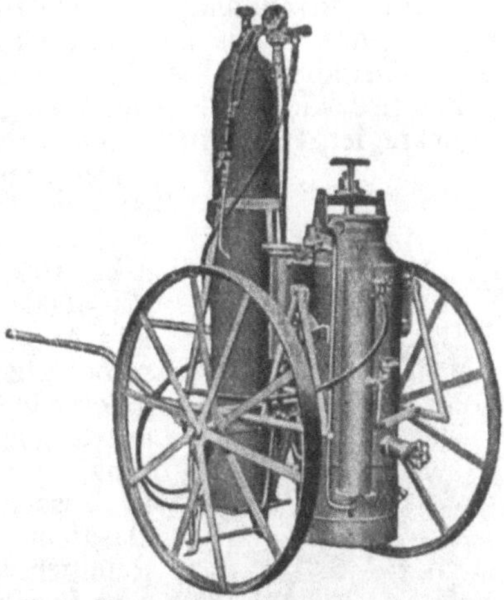

Bild 30. Fahrbare Schweißanlage „Perkeo 4000", 4 kg Patronitfüllung

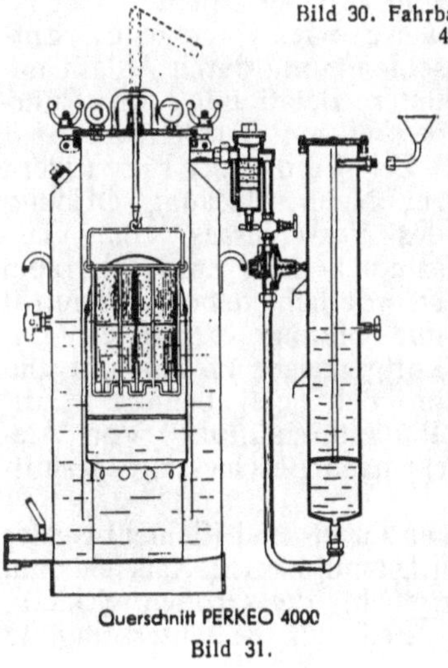

Querschnitt PERKEO 4000
Bild 31.

Mit **Preßkarbid** arbeiten die Spezialapparate der Firmen Perkeo-Stahl, Ludwigsburg (Württ.) und Dr. Alexander Wacker, München. Bild 30 und 31 zeigen eine komplette transportable Hochdruck-Schweißanlage „Perkeo 4000" für

4 kg Patronitfüllung und 4000 l/h Leistung. Bei Arbeitsbeginn Schubstange mit eingehängten Patronitkorb hineindrücken, bei Arbeitsende herausziehen. Arbeitsweise wie vorstehend. Gas geht durch Reiniger, Druckregler, Hochdruckwasservorlage zum Brenner.

Bild 32. „Beagid"-Mitteldruckentwickler, 10 kg Füllung

Der Beagidapparat in Bild 32 ist ein 10-kg-Mitteldruckentwickler. Das Modell wird für 3 bis 10 kg Füllung und 3 500 bis 6000 l/h Leistung gebaut. Der Apparat besteht aus Wasserbehälter, Gasglocke, 4 Beagideinhängern, Wasservorlage mit Reiniger. Vergasung nach Einhängen der Beagidkörper in Wasserbehälter. Azetylen in Gasglocke gesammelt, durch Reiniger und Wasservorlage zum Brenner geleitet. Arbeitsweise wie vorstehend. Entschlammung durch Ablaßhahn unter Betätigung des Rührwerkes am Behälterboden.

Bei Verdränger-Entwicklern zur Neubeschickung Öffnung des Verschlusses zum Gassammel- bzw. Entwicklerraum erforderlich, dabei Lufteintritt und Bildung explosiver Gas-Luftgemische im Apparat und in der umgebenden Luft! Große Vorsicht nötig! Raumdurchlüftung! Vor Wiederanzünden des Brenners nach Beschickung Gasluftgemisch ablassen!

Die bisher beschriebenen Groß- und Kleinentwickler haben als Vergasungsrückstand nassen Kalkschlamm mit etwa 70% Wassergehalt. Bei Großentwicklern, etwa ab 100 kg Füllung, bedeutet die Unterbringung und Beseitigung des Kalkhydrates ein Problem. Fällt doch bei neunstündigem Betrieb einer Anlage mit etwa 25000 Liter stündlicher Leistung eine tägliche Schlammenge von etwa 5 m³ an; für zwei Wochen mit 12 Arbeitstagen würde man also $5 \times 12 = 60$ m³ Raum brauchen, was einer Grube von 6×4 m² Grundfläche und 2,5 m Tiefe entspricht. Nach zahlreichen Versuchen in verschiedener Richtung wurden Trockenentwickler konstruiert, deren Vergasungsrückstand trok-

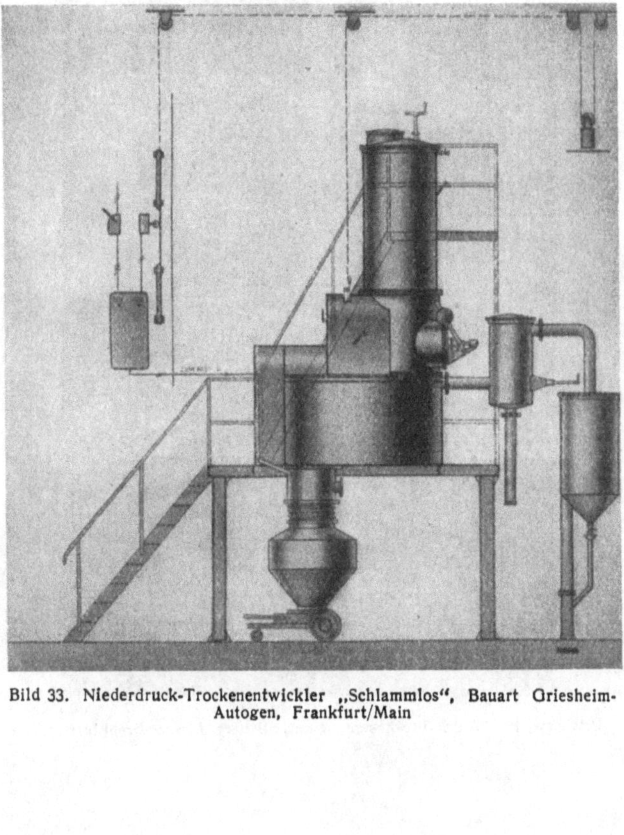

Bild 33. Niederdruck-Trockenentwickler „Schlammlos", Bauart Griesheim-Autogen, Frankfurt/Main

kenes, streufähiges Kalkhydrat von nur 3 bis 10% Wassergehalt ist. In Deutschland brachte die Aktiengesellschaft für Stickstoffdünger in Knapsack 1928 erstmalig einen verkaufsreifen Trockenentwickler auf den Markt.

Bild 33 zeigt den im In- und Ausland unter Patentschutz stehenden Niederdruck-Entwickler „Schlammlos“ der Griesheim-Autogen Frankfurt/Main, der für 100 und 250 kg Grobkarbidfüllung (25/50 mm) mit

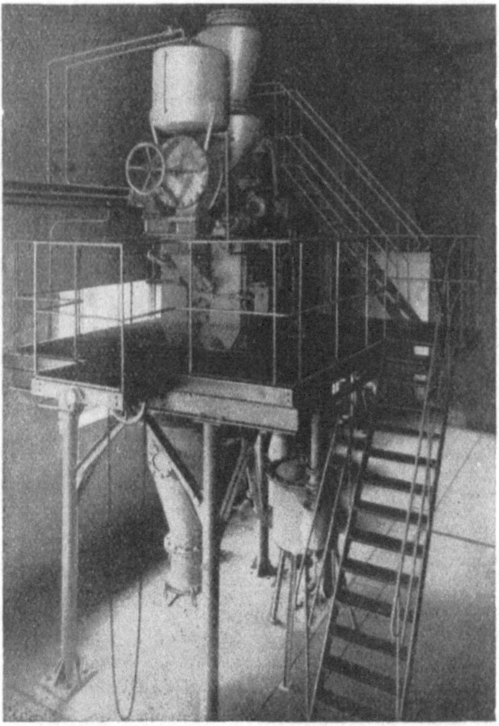

Bild 34. Hochdruck-Trockenentwickler, Bauart Messer-Frankfurt/Main

20000 und 60000 Litern Stundenleistung gebaut wird. Die Anlage besteht aus Entwickler, Wäscher, Gassammler, Reiniger, Wasservorlage und Steuerungseinrichtung mit den üblichen Armaturen.

Bild 34 stellt den ersten deutschen Hochdruck-Entwickler HTE der Adolf Messer G.m.b.H., Frankfurt/Main, dar. Er arbeitet mit 100, 200 und 300 kg Karbidfüllung sämtlicher Körnungen von 7 bis 80 mm, auch unsortierten Karbids und erreicht Leistungen von 25000, 50000, 75000 Litern stündlich. Seine Hauptteile sind Karbidschleuse, Beschikkungskammer, Entwicklungsbehälter und Kalkbehälter, dazu wie oben Gassammler usw. Die Wirkungsweise beider Anlagen ist im Prinzip gleich. Durch genau dosierte, zur Vergasung der einfallenden Karbidmenge erforderliche Wasserzufuhr wird ein trockenes staubfreies Gas erzeugt. Die Steuerung der Karbid- und Wasserzufuhr durch sinnvolle Einrichtungen vom Gasbehälter aus paßt die Erzeugung automatisch dem Verbrauch an. Schneckensysteme sorgen durch Bewegung des Karbids für restlose Ausgasung und Trocknung des Kalkhydrates, das durch die Kalkschleuse während des Betriebes staubfrei abgezogen, in Säcke gefüllt und seiner Verwendung zu Bau- und Düngezwecken zugeführt werden kann. Die Trockenentwickler ergeben eine hohe Gasausbeute, da sie den Verlust, den die Naßentwickler durch das im Kalkschlamm und Abwasser gelöste Azetylen haben, nicht aufweisen.

Einzelheiten bringt der Aufsatz „Neue Wege der Trockenvergasung von Kalziumkarbid“ von F. C. Meltzer in Heft 12 der Zeitschrift „Schweißen und Schneiden“.

Zusammenfassung: Die stationären Großanlagen sind in der Regel als Voll- und Halbautomaten nach dem Einfallsystem für Dauerbetrieb eingerichtet und verlangen meist nur für die Beschickung der Karbidbehälter Bedienung. — Die freizügigen (M- und J-)-Apparate zeigen eine Entwicklung zur Automatisierung, die bei einigen Schubladen-Typen beachtliche Fortschritte gemacht hat, sich aber in bestimmten Grenzen halten wird. Ununterbrochene Gasentnahme gestatten aber nur die Zwei- und Mehrschubladenentwickler, sowie die Doppelentwickler mit einer Schublade bzw. mit Korbbeschickung. Bei den Trockenentwicklern nähert sich die Gasausbeute der theoretischen 300-Liter-Grenze je kg Karbid, die bei Naßentwicklern infolge

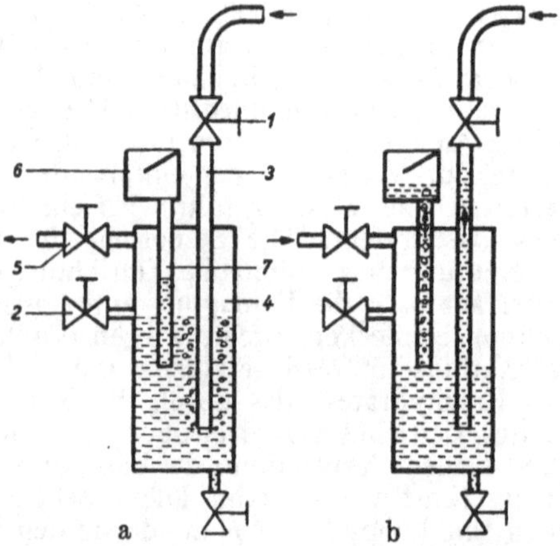

Bild 35. Wasservorlage für Nieder- und Mitteldruck, schematisch

der Gasverluste durch Kühlwasser, Naßschlamm u. a. weniger günstig ist. Jedoch erhöhen hier die gute Ausgasung bei Anwendung von Rührwerken und die Trennung von Entwicklungs- und Kühlwasser bei neueren Modellen die Wirtschaftlichkeit. Zwischen beiden Gruppen als konstruktiver Übergang steht der 10-kg-Sirius-Rekord, der die Vorzüge der vollautomatischen Großanlage und ihre hohe Wirtschaftlichkeit mit der Freizügigkeit der Kleinapparate verbindet.

Sicherheitsvorlagen.

Die Azetylenverordnung schreibt für jede Entnahmestelle den Einbau einer Sicherheitsvorlage vor. In der Hauptsache sind bisher Wasservorlagen auf dem Markt zugelassen, jedoch werden auch Trockenvorlagen entwickelt und erprobt. Für Niederdruck und Mitteldruck werden offene Vorlagen mit einem nach außen führenden Sicherheitsrohr, für Hochdruck geschlossene Vorlagen verwendet.

Aufgabe der Sicherheitsvorlage ist der Schutz des Entwicklers vor Sauerstoffrücktritten und Flammenrückschlägen. Die Wirkungsweise einer Wasservorlage für Nieder- und Mitteldruck im Betrieb zeigt Bild 35a im Schema. Bei geschlossenem Ventil 1 wird durch Füllgefäß 6 und Sicherheitsrohr 7 die Vorlage bis zum Kontrollhahn 2 mit Wasser gefüllt. Wird 1 geöffnet, strömt Azetylen durch Rohr 3 in kleinen Blasen durch das Sperrwasser in Raum 4, von dem es durch Absperrhahn 5 in den Brenner gelangt. Bei einem Flammenrückschlag oder Sauerstoffrücktritt erhöht sich in 4 der Druck auf den Wasserspiegel (Bild 35b), das Wasser weicht z. T. in die beiden Rohre aus, dabei wird die untere Öffnung von 7 frei. Der Überdruck entweicht, während in Rohr 3 ein Wasserpropfen steht, der den Zugang zum Entwickler sperrt. Die schrägen Prallflächen in 6 verhüten Wasserverlust durch Herausspritzen. Nach Druckausgleich in 4 sinken die Wassersäulen zurück, der Wasserspiegel steigt auf den alten Stand, und die Vorlage ist wieder betriebsfertig.

Der Wasserwiderstand in der Vorlage bedeutet einen Druckverlust am Brenner, den die Druckreserve der Anlage ausgleichen muß. Bei Flammenrückschlägen laufen die Explosionswellen so schnell, daß u. U. die Wasserverschlüsse und Rückschlagsventile zu langsam schließen. Deshalb verlängert die Griesheim-Spiralvorlage, Bild 36, bei einem Rückschlage den Flammenweg durch das Spiralrohr 4, die der Explosionswelle voraneilende Druckwelle senkt in 5 den Wasserspiegel, der in 3 ebensoviel ansteigt und das Kugelventil 2 schließt. Dadurch wird Rohr 7 unten frei, der Überdruck entweicht. Die Flamme wird in der Spirale verzögert, abgekühlt und vom erhöhten Wasserspiegel in 3 erstickt. Nach Druckausgleich gehen die Wasserstände auf normale Höhe zurück, das Kugelventil öffnet sich, und die Vorlage ist wieder betriebsfertig.

Vorlagen für Hochdruck-Azetylen sind geschlossene Stahlkörper (Bild 37). Das Gas tritt durch Rückschlagventil 2 und Lochblech 3, in feine Strahlen zerteilt, durch das Sperrwasser hindurch in den Gasraum, von hier durch den Absperrhahn in die Brennerleitung 4. Bei einem Rückschlage drückt das Sperrwasser das Rückschlagventil zu. Die Flamme erstickt über dem Wasserspiegel.

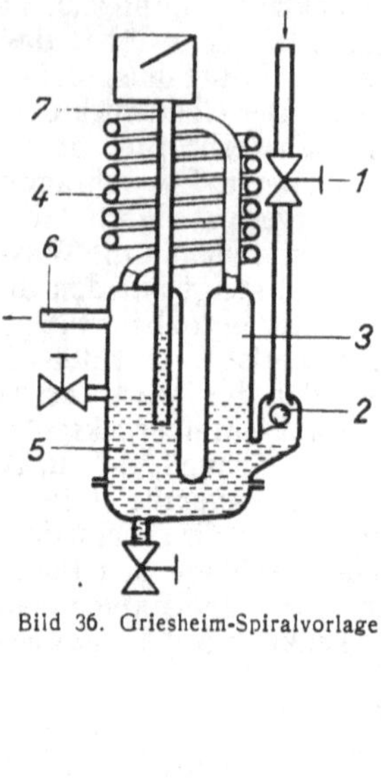

Bild 36. Griesheim-Spiralvorlage

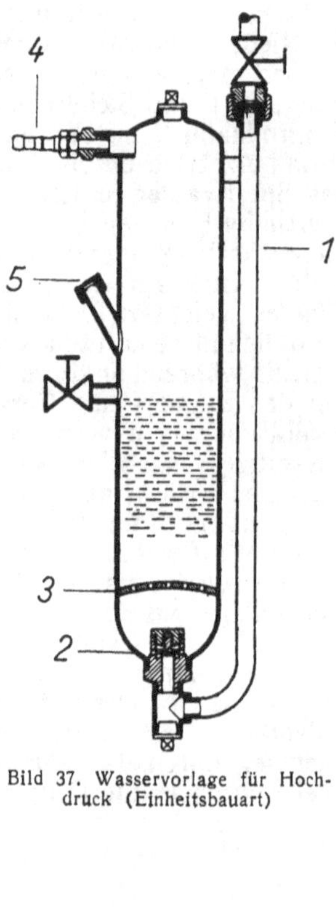

Bild 37. Wasservorlage für Hochdruck (Einheitsbauart)

Die Stahlkörper der Vorlagen können die bei Flammenrückschlägen möglichen höchsten Explosionsdrücke ohne weiteres aushalten; deshalb sind bei den meisten neueren Hochdruckvorlagen mit einem Gasdurchgang von weniger als 10 m³ stündlich Sicherungsorgane gegen unzulässigen Überdruck nicht mehr eingebaut. Bei größeren Gasdurchgangsmengen werden Sprengscheiben vorgesehen, die gegebenenfalls zerbersten und den gefährlichen Überdruck ablassen. Nach einem Flammenrückschlag wird die Vorlage durch Einsetzen einer neuen Sprengscheibe wieder betriebsfähig. Aber nur die Herstellerfirma der Anlage darf die Sprengscheiben liefern! Verwendung anderer Fabrikate und Selbstherstellung sind verboten und können sehr gefährlich werden!

Die Sicherheitswirkung der Vorlagen hängt vom richtigen Sperrwasserstande ab. Deshalb täglich mehrmals, mindestens vor Arbeitsbeginn und nach Flammenrückschlägen, den Wasserstand der drucklosen Vorlage durch Öffnen des Kontrollhahnes prüfen!

Nach dem Verwendungszweck werden die Vorlagen als Gebrauchs- oder Zapfstellenvorlagen, wenn sie am Schweißplatz gebraucht werden, und als Hauptstellenvorlagen, wenn sie zusätzlich der Sicherung von Großanlagen dienen, bezeichnet und zugelassen. Zapfstellen-Vorlagen für mehr als einen Brenneranschluß bedürfen besonderer Zulassung.

Reiniger — Wäscher — Trockner.

Die Verunreinigungen des Kalkes und der Kohle gehen in das Karbid über und finden sich im Azetylen als Schwefelwasserstoff, Phosphorwasserstoff und Ammoniak. Schwefelwasserstoff und Ammoniak sind wasserlöslich und werden bei Einwurfentwicklern, bei denen das Gas durch das Kühlwasser perlt, fast restlos ausgewaschen, bei Schubladen- und Korbbeschickung ist das nicht möglich. Hier muß das Wasser der Vorlage öfter erneuert werden, da es sich allmählich mit beiden Gasen sättigt. Der geringe Prozentsatz des im Azetylen vorkommenden Phosphor-Wasserstoffs hat keine nachteilige Wirkung auf die Güte der Schweißnaht.

Zur vollständigen Reinigung des Azetylens sind große Anlagen nötig, die das Gas langsam durchströmen lassen. Ihre Erstellung beschränkt sich auf Großbetriebe. Wie schon auf Seite 29 erwähnt, ist für die Füllung der Dissousgasflaschen eine sehr sorgfältige Reinigung des Gases erforderlich, die Füllwerke sind daher an einwandfrei arbeitenden Reinigungsanlagen interessiert. Bei den meisten freizügigen Entwicklern wird auf Reiniger verzichtet, einige Modelle haben dafür Wäscher, s. u.

Zur mechanischen Reinigung des Azetylens von groben Verunreinigungen, Staubteilen u. a. dienen außer Sieben Reiniger, die mit Koks, Schwamm, Kies, Sägespänen, Holzwolle oder Glaswolle gefüllt sind.

Die chemischen Reiniger arbeiten mit Massen, die die Metalle der Anlage oder der Leitungen nicht angreifen, mit dem Azetylen nicht entweichen und kein Chlor enthalten oder entwickeln dürfen, das zum Zerfall des Azetylens führen kann. Die Massen müssen vom früheren Deutschen Azetylenverein anerkannt worden und in Grob- oder Feinkörnung so porös sein, daß der Gasdurchgang keinen merklichen Widerstand findet. Erneuerung der Masse nach bestimmter Betriebsdauer laut Anweisung des Herstellers! Zu lange Benutzung der verschmutzten Füllung bringt eher Schaden als Nutzen!

Wäscher sind einfache Wasserbehälter, die dem Auswaschen der wasserlöslichen Verunreinigungen dienen und das hindurchperlende Gas kühlen. Der Feuchtigkeitsgehalt des normalen Entwicklergases kondensiert in den kalten Rohrleitungen, und das Kondensat kann u. U. gefrieren. Daher wird aus dem Wäscher bei eintretendem Frost zweckmäßig das Wasser entfernt und ein Trocknungsmittel eingefüllt, das unter genauer Beachtung der Gebrauchsanweisung nach Sättigung zu erneuern ist und meist regeneriert werden kann. Jedoch ist auch ein brauchbares Schutzmittel gegen Einfrieren des Wassers in Entwickler, Wäscher und Vorlage das Frigidol, das Metalle nicht angreift und bis —40° C wirksam ist. Die Gasfeuchtigkeit schlägt sich an den kalten Gefäßwänden zum Teil nieder, den Rest nimmt das Trocknungsmittel auf. Der Einbau zwischen Wasservorlage und Entwickler schützt den Trockner-Wäscher vor Flammenrückschlag. In der wärmeren Jahreszeit wird die Trocknungsmasse entfernt und wieder Wasser eingefüllt.

Druckmesser.

Jeder Hochdruckapparat muß einen Druckmesser (Manometer) haben, der den Überdruck anzeigt. Der Höchstdruck der Skala ist 1,5 atü. Die Manometer werden meist als Röhrenfeder-Manometer ausgeführt, bei denen in eine ovale, kreisförmig gebogene Röhre das Gas eintritt und bestrebt ist, die Röhre zu strecken. Der Ausschlag des freien Röhrenendes wird mit Hebelübersetzung auf ein Zeigerwerk übertragen und läßt sich auf der Skala in atü ablesen.

Sicherheitsventile.

Wird in einem Hochdruckentwickler der zulässige Höchstdruck von 1,5 atü überschritten, so muß dieser Zustand sofort sicher und automatisch beseitigt werden. Sicherheitsventile werden als gasabblasende und als wasserablassende Bauart ausgeführt. Für beide Formen gelten besondere Zulassungsnummern, Zulassungs- und Prüfvorschriften. Die ältere Bauart, am Gassammler angebracht, bläst bei Überdruck das zu viel entwickelte Gas in den Arbeitsraum (nur bei großen S-Anlagen ist Ableitung ins Freie vorgeschrieben), erzeugt Gasverluste und durch die Gas-Luftmischung u. U. eine Gefahrenquelle. Die neuere Bauart, die immer häufiger angewandt wird, beseitigt den Überdruck im Entwickler durch Ablassen des Kühlwassers, das leicht nachgefüllt werden kann, ohne Verluste und Gefahren. Beide Bauarten haben plombierte Druckfedern, öffnen bei etwa 1,3 atü, denn der rote Strich bei 1,5 atü Höchstdruck darf nicht überschritten werden. Um ein Festkleben der Membrane zu vermeiden, müssen die Sicherheitsventile öfter von Hand betätigt werden.

Unfallverhütung beim Betriebe der Azetylen-Erzeugungsanlagen.

Ausreichend große und gut belüftete Räume, gewissenhafte Befolgung der jeder Anlage beigegebenen Bedienungsanleitung und der Unfallverhütungsvorschriften der Berufsgenossenschaften, die sich auf die AV stützen, sind der billigste und beste Unfallschutz. Auf die Gefahren des Entwicklerbetriebes ist im Vorstehenden an geeigneter Stelle hingewiesen worden. Im übrigen können die einschlägigen Vorschriften im einzelnen auf Seite 124 ff. nachgelesen werden. U. a. dürfen danach keine Personen unter 16 Jahren Azetylen-Entwickler bedienen. Ferner dürfen Entwickler-Räume und Karbidlager nicht mit offenem Licht, brennenden Zigarren u. ä. betreten werden, und die Entwickler müssen von Feuerstellen, offenem Licht usw. mindestens 3 m, von andern Entwicklern mindestens 6 m Abstand haben. Eingefrorene Apparate müssen stets mit Dampf oder heißem Wasser aufgetaut werden. Auftauen des gefrorenen, azetylengesättigten Sperrwassers mit glühendem Eisen, Flammen und funkenreißenden Werkzeugen ist verboten, da beim Auftauen Wasser verdampft, das freiwerdende Gas mit der Luft sofort ein zündfähiges Gemisch bildet und explodiert. Eigenmächtige Änderungen an Entwicklern sind verboten, Reparaturen nur bei Tageslicht nach gründlicher Reinigung (Überflutung) des Entwicklers vorzunehmen. Nach Arbeitsbeendigung ist der Verschluß aller Hähne der Anlage nachzuprüfen. Für die Umgebung der Schlammgruben gilt sinngemäß das über das Rauchverbot in Entwicklerräumen Gesagte. Auch die elektrischen Installationen müssen gasdichte Armaturen haben und den Sicherheitsvorschriften entsprechen.

VII. Schweißbrenner und Schweißmaschinen

1. Die Schweißflamme

Die Wärmequelle für die Gasschmelzschweißung ist die Schweißflamme. Sie soll:

a) eine möglichst hohe Temperatur haben, um auch Metalle mit hohem Schmelzpunkt aufschmelzen zu können,

b) das Schmelzbad gegen den Angriff des Luftsauerstoffs und des Luftstickstoffs schützen, weil Sauerstoff- und Stickstoffverbindungen in der Schweiße die Güte der Schweißnaht verringern.

Die Schweißflamme entsteht durch Verbrennung (vgl. S. 9) eines Brenngas-Sauerstoff-Gemisches von bestimmtem, der Natur des Brenngases entsprechenden Mischungsverhältnis.

Zur Erzielung einer hohen Flammentemperatur muß das Brenngas einen hohen Heizwert und eine große Verbrennungsgeschwindigkeit haben. Die gebräuchlichen, kohlenstoffreichen Brenngase, wie Azetylen, Propan, Benzin und Benzol, verbrennen an der Luft mit stark rußender Flamme, also unvollkommen, und geben, mit Druckluft gemischt, keine ausreichend heiße Flamme. Mit reinem Sauerstoff gemischt erreicht aber z. B. die Azetylen-Flamme eine Temperatur von 3100 bis 3200° C.

Für die vollkommene Verbrennung dieses Gases werden 5 Teile Sauerstoff auf 2 Teile Azetylen gebraucht. ($O : C_2H_2 = 5 : 2$ oder $= 2{,}5 : 1$). Trotzdem mischt man Sauerstoff und Azetylen im Verhältnis 1,1 : 1, (praktisch im Regelfall 1 : 1), weil man bei der zweistufigen Verbrennung des Azetylens den fehlenden Sauerstoff der umgebenden Luft entnehmen kann. Die 1. Stufe zeigt eine unvollkommene Verbrennung von Azetylen und Flaschen-Sauerstoff in gleichen Mengen zu Kohlenoxyd (CO) und Wasserstoff (H), in der 2. Stufe verbrennen die Rückstände der 1. Stufe mit 1,5 Teilen

Luftsauerstoff zu Kohlendioxyd (CO_2) und Wasserdampf (H_2O).

1. Stufe: $C_2H_2 + O_2 = 2\,CO + H_2$

2. Stufe: $2\,CO + H_2 + 1{,}5\,O_2 = 2\,CO_2 + H_2O$

Eine kurze Überlegung möge den Vorgang und seine praktische Bedeutung veranschaulichen. Beim Verbrauch einer Flasche gelösten Azetylens von 6 m³ Inhalt sind auch eine Flasche Sauerstoff von 6 m³ Inhalt und zusätzlich noch $1{,}5 \times 6 = 9$ m³ Sauerstoff aus der die Flamme umgebenden Luft erforderlich. Diese 9 m³ Luftsauerstoff entsprechen etwa 45 m³ Frischluft, der Luftmenge eines mittleren, rd. 16 m² großen Zimmers. Bei längerem Schweißen und ungenügender Entlüftung des Arbeitsraumes besteht die Gefahr der Kohlenoxydvergiftung, bereits 0,15—0,20% Kohlenoxyd in der Luft sind giftig! Auch die mögliche Anreicherung der Luft mit Kohlendioxyd (Kohlensäure) ist gesundheitsschädlich. Daher grundsätzlich, besonders aber in kleinen Betriebsräumen mit Schweißanlagen für gute Belüftung sorgen!

Mit der zweistufigen Verbrennung erfüllt die Azetylen-Sauerstoff-Flamme die eingangs gestellte Forderung an eine geeignete Wärmequelle sehr gut. Die 1. Stufe erzeugt 1—3 mm vor der Flammenkernspitze eine Temperatur von 3100—3200° C und damit die heißeste, praktisch verwertbare Schweißflamme. In der 2. Stufe entziehen die Verbrennungsrückstände der 1. Stufe, Kohlenoxyd und Wasserstoff, der die Flamme umgebenden Luft den Sauerstoff, der sich mit ihnen begieriger verbindet als mit der Schmelze, und schützen diese dabei, die Schweißstelle umhüllend, vor dem Angriff des Sauerstoffs und des Stickstoffs der Luft.

Die im richtigen Mischungsverhältnis eingestellte neutrale Schweißflamme verändert das Gefüge und die Eigenschaften des Werkstoffes nicht.

Durch Azetylenüberschuß wird das Schmelzbad „aufgekohlt“, d. h. der in der 1. Stufe noch nicht zu

Kohlenoxyd verbrannte, freie Kohlenstoff kann in die Schmelze eindringen und macht die Naht hart und spröde.

Sauerstoffüberschuß in der Flamme „entkohlt" die Schweiße, d. h. der die Härte und Zähigkeit des Werkstoffs hauptsächlich beeinflussende Kohlenstoff wird der Schweißnaht entzogen, aus dem Gefüge herausgebrannt. Die Naht wird dadurch weicher und weniger fest als der Grundwerkstoff. Bei längerer Einwirkung der Flamme tritt Verbrennung (Oxydation) des flüssigen Werkstoffes ein.

Das Flammenbild zeigt dem Schweißer die richtige oder falsche Einstellung seiner Schweißflamme an. Bei neutraler Flamme ist der Flammenkern weißleuchtend und scharf umrissen, zylindrisch geformt mit gerundeter Kuppe, aber mit steigender Ausströmgeschwindigkeit kegelig und spitzer werdend (harte Flamme). Azetylenüberschuß äußert sich in der hell leuchtenden Flamme, der scharfe Kern verschwindet, dafür verbrennt der Gasüberschuß in langem, gelblichweißem Schleier mit unregelmäßig gezacktem Rand. Geringfügiger Sauerstoffüberschuß ist im Flammenbild nicht erkennbar. Tritt er stärker auf, so wird er durch den kürzer und spitzer werdenden Kern, der bläulich-violette Farbe annimmt, angezeigt.

Bei Einstellung der neutralen Schweißflamme gibt man zuerst Gasüberschuß, dann drosselt man den Gaszustrom mit dem Brennerventil so weit, bis der Kern scharf umgrenzt ist und nur noch eben sichtbar züngelt. Während des Schweißens müssen Veränderungen des Flammenbildes beachtet und die Schweißflamme, wenn nötig, in vorstehender Weise nachreguliert werden. — Fliegt die Flamme beim Anzünden vom Brennermundstück weg, so strömt zu wenig Azetylen zu oder der Sauerstoffdruck ist zu hoch. Knallt die Flamme ab, so strömt zu wenig Sauerstoff zu langsam zu. Durch zu geringen Sauerstoffdruck wird die Ausströmgeschwindigkeit kleiner als die Zündgeschwindigkeit (vgl. S. 73 ff.) des Gemisches, und die Flamme brennt in den Brenner hinein, sie schlägt zurück.

Die Wasserstoff-Sauerstoff-Flamme hat eine Höchsttemperatur von rd. 2300° C. Das praktisch angewendete Mischungsverhältnis von Sauerstoff zu Wasserstoff ist 1 : 4. Das Flammenbild zeigt keinen Kern und läßt auch keinen Schluß auf das Mischungsverhältnis zu. Daher ist die Verwendung von Druckminderern mit dosiertem Gasdurchgang (vgl. S. 38), die als Mengenregler wirken, für beide Schweißgase zweckmäßig. Anwendungsgebiet: Schweißen von Stahlblechen von 6—10 mm, von Nichteisenmetallen, von Blei, Brennschneiden, Hartlöten usw. Weiche Flamme.

Die Leuchtgas-Sauerstoff-Flamme hat eine Durchschnittstemperatur von rd. 2000° C und einen gut sichtbaren Flammenkern ohne besondere Kennzeichen. Für die neutrale Flamme ist das Mischungsverhältnis von Sauerstoff zu Leuchtgas 1 : 1,5 bis 2,5 je nach Zusammensetzung des Leuchtgases. Weiche Flamme. Anwendungsgebiet: Stahlschweißung selten, höchstens bis 5 mm Blechstärke, Nichteisenmetallschweißung, Brennschneiden bis 200 mm, Oberflächenhärtung.

Die Propan-Sauerstoff-Flamme hat eine Temperatur von rd. 2780° C. Das Mischungsverhältnis der neutralen Flamme von Sauerstoff zu Propan ist etwa 3,7 :1. Geringe Zündgeschwindigkeit, daher besonders weiche Flamme. Anwendungsgebiet: Stahlschweißung bis höchstens 6—10 mm Blechstärke, Brennschneiden.

2. Schweißbrenner.

Ein guter Schweißbrenner soll beide Schweißgase innig mischen und das je nach Art des Brenngases verlangte Mischungsverhältnis während des Schweißens unverändert aufrecht erhalten; das Gasgemisch muß mit einer vom Druck abhängigen Ausflußgeschwindigkeit etwa 80—180 m/s aus dem Brennermundstück austreten. Sie ist also größer als die Zündgeschwindigkeit des verwendeten Brenngases. Dadurch werden den Flammenrückschläge unter normalen Umständen vermieden. Der Brenner soll rückschlagsicher sein, d. h. die Flamme soll bereits im Brenner selbst aufgehalten und möglichst erstickt werden; er muß es ermöglichen, auch bei erhitztem Mundstück und Mischrohr durch Betätigen des Brenngasventils die Schweißflamme mit Azetylenüberschuß brennen zu lassen (eine zuverlässige Prüfmethode bei Anschaffung eines Brenners!). Zur Vermeidung vor-

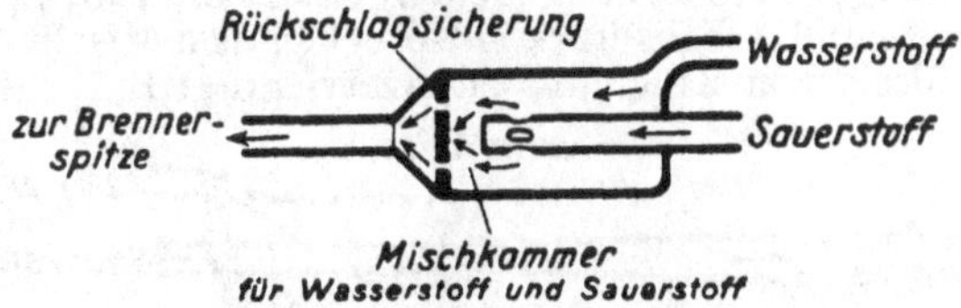

Bild 38. Schema des Gleichdruck-Wasserstoffbrenners

zeitiger Ermüdung des Schweißers muß die Bauart leicht und handlich sein.

Die Hauptteile des Brenners sind

1. das Griffrohr mit den beiden Absperrventilen und den beiden Schlauchtüllen,
2. das Mischrohr mit der Mischkammer oder dem Injektor und dem Brennermundstück.

Griff- und Mischrohr werden in der Regel mit einer Überwurfmutter gasdicht verbunden.

Der Mischungsvorgang wird durch die Bauart des Brenners bestimmt.

a) Der Gleichdruck-Wasserstoffbrenner (Bild 38). Die Schweißgase werden dem gemeinsamen Mischraum unter gleichem Druck in Kanälen, die in spitzem Winkel zueinander stehen, zugeführt, dadurch durcheinander gewirbelt und innig gemischt. Der gegebene Druck treibt das Gemisch durch das Mischrohr zum Brennermundstück. Hier tritt es je nach Arbeitsdruck und Bohrungsquerschnitten des Brenners mit einer Ausströmgeschwindigkeit von 120—150 m/s aus.

b) Der Saug- oder Injektorbrenner (Bild 39). Die Schweißgase haben verschiedenen Druck. Der Sauerstoffstrahl strömt mit einem Arbeitsdruck von 0,5 bis 3 atü je nach Brennergröße (bei modernen Konstantbrennern 2,5 atü für alle Einsätze) durch die Blasdüse des Injektors, erzeugt im Saugkanal einen Unterdruck, so daß das Brenngas, unterstützt vom Entwickler- oder Flaschenarbeitsdruck, nachströmen kann. Der kegelringförmige Zuflußkanal für Azetylen sorgt für innige Vermischung beider Gase; Bohrungsquerschnitte und Arbeitsdruck entsprechen dem Mischungsverhältnis von Sauerstoff zu Azetylen = 1,1 : 1, lassen

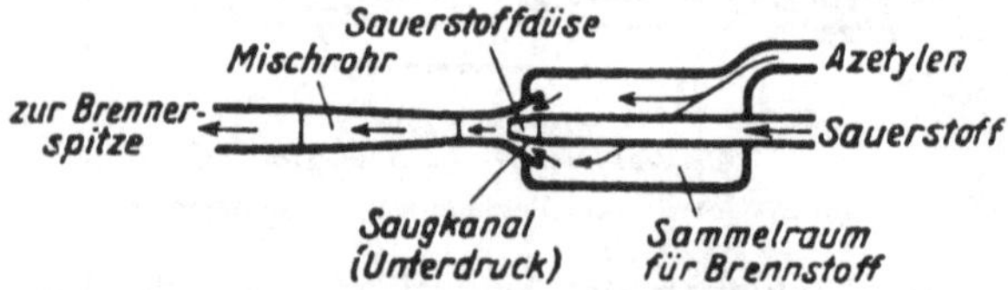

Bild 39. Schema des Saug- oder Injektorbrenners

also annähernd gleiche Schweißgasmengen je Sekunde in das Mischrohr und zum Brennermundstück gelangen, wo das Gemisch mit 120—160 m/s Ausströmgeschwindigkeit austritt.

Die gute Vermischung beider Schweißgase wird durch die Gaskanalführung gewährleistet. Die heute auf dem Markt befindlichen modernen Injektorbrenner sind praktisch als rückschlagsicher zu bezeichnen, bei Gleichdruckbetrieb sind besondere Sicherheitsvorschriften zu beachten (vgl. S. 85 ff.). Der Injektorbrenner neigt zur Entmischung bei heißwerdendem Mundstück und fordert deshalb Beobachtung und Nachregulierung der Flamme während des Schweißens, er kann aber bei allen zulässigen Gasdrücken verwendet werden. Der Gleichdruckbrenner hält das Mischungsverhältnis bei normalen Arbeitsbedingungen im allgemeinen gut.

Zur Gewichtsverminderung der Brenner werden für das Griffrohr neben der bewährten Ausführung in

Messing auch Leichtmetall und Preßstoff verwendet, für das Mischrohr Messing und Leichtmetall, für den Injektor wie bisher Messing und für das Mundstück Kupfer wegen seiner guten Wärmeleitung.

Während ältere Bauarten das Sauerstoffventil, das nach Einstellung des Arbeitsdrucks während des Schweißens selten bedient wird, am hinteren und das Brenngasventil am vorderen Ende des Griffrohres haben, sind zur leichteren Bedienung bei modernen Ausführungen beide Ventile vor der Hand angeordnet. Das Brenngasventil liegt meist dem Schweißer zugekehrt, das Sauerstoffventil unter 90° dazu. Die Flamme läßt sich dadurch mit der Hand, die den Brenner hält, regulieren (Einhandbrenner). Einige Ausführungen zeigen auch beide Ventile auf der dem Schweißer zugekehrten Seite, so daß mit dem Daumen der haltenden Hand beide Ventile betätigt werden können. Auch durch die Formgebung der Griffrohre berücksichtigen neuere Konstruktionen die Forderung nach Handlichkeit. Neben dem ovalen Griff (entstanden aus der Ummantelung der untereinanderliegenden Gaszuführungsrohre) findet man den glatten zylindrischen und den fast kreisrunden, durch einen Wulst der inneren Handfläche angepaßten Griff. Die Frage, welche Form „in der Hand am besten liegt", wird jeder Schweißer individuell beantworten.

Die Ausführung der Schweißbrenner erfolgt in drei Größen:

Klein-Schweißbrenner für Stahlblechstärken		von 0,3—6 mm
Normale Schweißbrenner	„	von 0,3—30 mm
Große Schweißbrenner	„	von 30—100 mm

Je nach Werkstoffdicke muß die Schweißflamme mehr oder weniger Wärme liefern können. Das wird erreicht durch Auswechseln der Mundstücke oder der Mischrohre. Da die Zuleitungsrohre der Gase im Griffrohr für den größten Gasbedarf des Schweißbereichs berechnet sind, kann man durch Einsetzen eines entsprechenden Mischrohres in dasselbe Griffrohr der Flamme für jede Blechstärke so viel Gasgemisch zuführen wie zum Schweißen erforderlich ist. Diese Brenner mit auswechselbaren Mischrohren (Einsätzen) heißen Wechselbrenner, sie werden mit einem Griffrohr und 8 genormten Einsätzen hergestellt. Auf die Einsätze sollen die mit ihnen zu schweißenden Stahlblechstärken (2—4, 4—6 mm) und der Sauerstoffarbeitsdruck (2,5 atü, 3 atü) eingeschlagen sein. Die Bezeichnung der Einsätze nach Nummern, z. B. 1 oder 5, wird, weil leicht mißverständlich, in der Praxis immer mehr durch die Angabe des Schweißbereichs, z. B. 0,5—1 oder 6—9 mm, ersetzt. Einsatzgrößen und Sauerstoff- bzw. Azetylenverbrauch für den mittleren Schweißbereich sind aus Abschnitt „Schweißwerkstoffverbrauch" Seite 121 zu ersehen.

Der Sauerstoffarbeitsdruck war für jeden Einsatz älterer Wechselbrenner besonders festgelegt, z. B. für Einsatz 0,3—0,5 mm 1 atü, für 4—6 mm 1,5 atü, für 10—15 mm 2 atü, für 20—30 mm 3 atü. Das war an sich richtig, aber umständlich; in neuerer Zeit werden deshalb die Brenner auf einen einheitlichen Sauerstoffdruck von in der Regel 2,5 atü für alle Einsätze von 0,3 bis 30 mm eingerichtet (Konstantbrenner). Weil dieser Druck den Durchgangsquerschnitten des Brenners zugrunde liegt, muß er genau eingestellt werden. Dann ergeben sich die Verbrauchswerte auf S. 122.

Die Gewindeanschlüsse für Sauerstoff- und Azetylenschläuche sind genormt. Für den 6-mm-Sauerstoffschlauch wird Rechtsgewinde R 1/4", für den 9-mm-Azetylenschlauch Linksgewinde R 3/8" gebraucht, wenn nicht gleiche Schlauchweiten verwendet werden.

Die Sparmaßnahmen der Kriegszeit führten auch zur Vereinheitlichung der Brennerbauarten. Es entstand neben dem Einheitsentwickler auch der Einheitsbrenner, bei dem Kupfer und Messing erheblich eingespart wurden. Nachteilig wirken sich die an das Mischrohr hart angelöteten, verhältnismäßig kleinen Mundstücke aus, die bei Beschädigungen nur mit dem ganzen Mischrohr, nicht aber allein ausgewechselt werden können und sich bei gewissen Schweißungen so stark erwärmen, daß häufiges Entmischen der Flamme und Abknallen des Brenners vorkommen. Der Markt bietet aber jetzt wieder solide Ausführungen an.

Die Behandlung der Schweißbrenner kann nicht vorsichtig genug sein, weil die Brenner feinmechanische Geräte und als solche sehr empfindlich sind. Nicht werfen! Nicht als Schlagwerkzeug benutzen! Vor Anzünden der Flamme ist bei geöffnetem Sauerstoffventil der Arbeitsdruck einzustellen, dann erst das Azetylenventil etwas zu öffnen und die Flamme anzuzünden; beim Löschen der Flamme ist, um Rußen zu vermeiden, zuerst das Gasventil zu schließen, dann erst das Sauerstoffventil! Beschädigungen der Mundstücke sind zu vermeiden, das Entfernen von Spritzern aus der Düsenöffnung darf nur mit passenden Düsenbohrern vorgenommen werden, jede Erweiterung der Düsenbohrung mit harten Gegenständen verändert die Druck- und Ausflußverhältnisse und kann die Rückzündungsgefahr stark erhöhen.

In Arbeitspausen ist die Flamme stets zu löschen, um Unfälle zu vermeiden und Gas zu sparen (vgl. Gassparer S. 121), bei längeren Arbeitspausen sind auch die Auslaßventile an Wasservorlage und Druckminderer zu schließen und durch kurzes Öffnen der Brennerventile die Schläuche zu entlasten.

Bei etwaiger Rückzündung, erkennbar am Knall mit anschließendem, aus dem Innern des Brenners kommendem Pfeifen, ist sofort das Brenngasventil zu schließen (dann erlischt die Flamme) und der Brenner mit leicht geöffnetem Sauerstoffventil in Wasser zu kühlen, wobei der austretende Sauerstoff das Eindringen von Wasser in den Brenner verhindert. Da wir über die eigentlichen Ursachen der Rückzündungen noch nicht im klaren sind, lassen sich auch keine Gegenmaßnahmen treffen. Nach den Beobachtungen der Praxis treten Rückzündungen auf, wenn die Brennerdüse ganz oder teilweise auf die Werkstoffoberfläche aufgesetzt und dadurch die Ausströmgeschwindigkeit stark gedrosselt oder wenn durch unzureichende Wärmeabfuhr das Brennermundstück stark erhitzt wird. Man vermutet die Ursache der Rückzündungen darin, daß das Gasgemisch durch starke plötzliche Wärmeeinwirkung (z. B. durch glühende Spritzer oder stark erhitztes Mundstück) über die Zündtemperatur hinaus erhitzt wird und nun nicht langsam, sondern explosiv verbrennt, wobei die Explosionswelle sich der Strömung entgegen in den Brenner hinein bewegt und die vor der Mischdüse des Injektors brennende heiße Flamme den Brenner zerstören und weiteres Unheil anrichten kann.

Ungefährlich ist dagegen das „Abknallen" und „Knattern" des Brenners, die aus den gleichen Ursachen wie oben entstehen können. Hierbei erlischt die Flamme mit einem Knall und entzündet sich gleich wieder an der glühenden Schweißnaht, dies u. U. in mehrfacher Wiederholung. Meist läßt sich diese Stö-

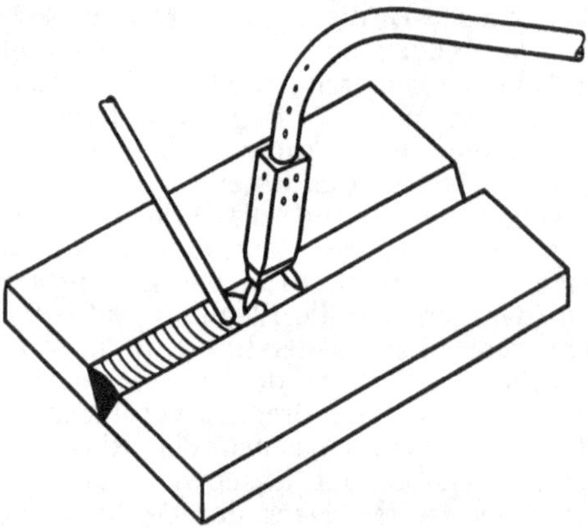

Bild 40. Schema des Zweiflammenbrenners

rung aber durch Erhöhung der Ausströmgeschwindigkeit (Sauerstoffventil mehr öffnen!) und Abkühlen des Brenners schnell beheben.

Sonstige Brennerarten.

a) Mehrflammenbrenner.

Der Zweiflammenbrenner dient zur Erhöhung der Schweißgeschwindigkeit. Der eigentlichen Schweißflamme eilt eine Vorwärmflamme voraus, die die Schweißflanken auf Schmelztemperatur vorwärmt, während die Hauptflamme den Zusatzdraht abschmilzt und die Raupe zieht. Das Schweißmundstück ist verhältnismäßig groß und wird stark erwärmt. Das begünstigt aber Entmischung und Rückzündung. Deshalb erhalten die Mundstücke der Zweiflammenbrenner einen Kühlmantel mit hygroskopischer Masse, die naß zu halten ist. Die aufgesaugte Feuchtigkeit verdunstet und kühlt das Mundstück. Anwendungsgebiet: Nähte an Blechen von 4—10 mm Dicke, Bild 40 und 43 b.

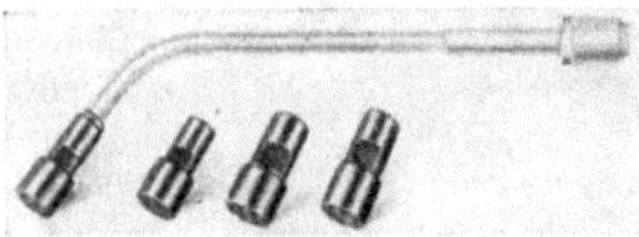

Bild 41. Brausekopf-Mundstücke

Bild 42. Schweißeinsatz mit Kurzmundstück

b) Anwärmeinsätze, für Wechselbrenner passend, mit Brausekopfmundstück dienen zum

Vorwärmen größerer Flächen, zum Ausglühen, zum Hartlöten usw. Der Brausekopf hat eine Anzahl kleiner Bohrungen und läßt das Gemisch in einzelnen kleinen Flammen brennen, die die Wärme auf eine größere Zone gleichmäßig verteilen, Bild 41 und 43d.

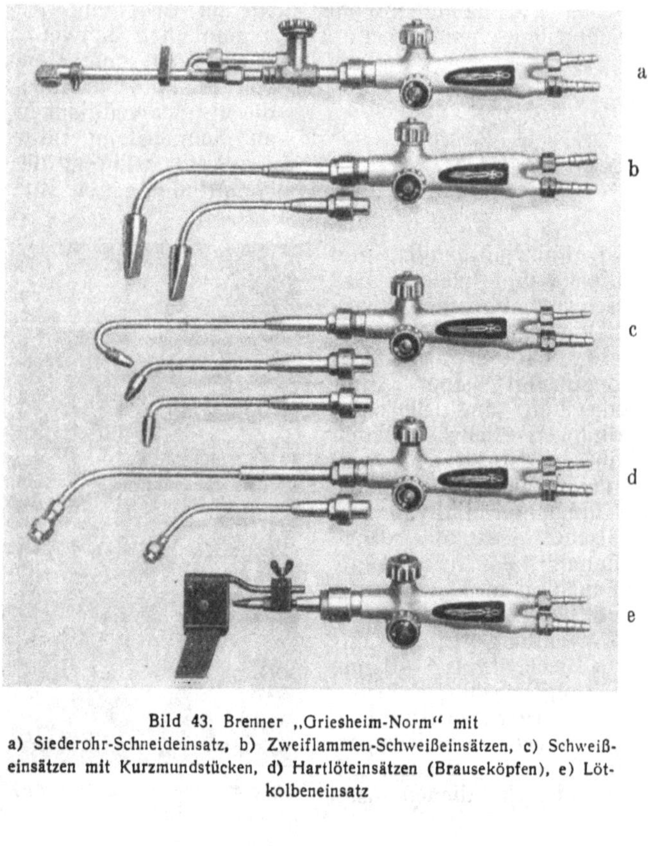

Bild 43. Brenner „Griesheim-Norm“ mit
a) Siederohr-Schneideinsatz, b) Zweiflammen-Schweißeinsätzen, c) Schweißeinsätzen mit Kurzmundstücken, d) Hartlöteinsätzen (Brauseköpfen), e) Lötkolbeneinsatz

rung aber durch Erhöhung der Ausströmgeschwindigkeit (Sauerstoffventil mehr öffnen!) und Abkühlen des Brenners schnell beheben.

Sonstige Brennerarten.

a) Mehrflammenbrenner.

Der Zweiflammenbrenner dient zur Erhöhung der Schweißgeschwindigkeit. Der eigentlichen Schweißflamme eilt eine Vorwärmflamme voraus, die die Schweißflanken auf Schmelztemperatur vorwärmt, während die Hauptflamme den Zusatzdraht abschmilzt und die Raupe zieht. Das Schweißmundstück ist verhältnismäßig groß und wird stark erwärmt. Das begünstigt aber Entmischung und Rückzündung. Deshalb erhalten die Mundstücke der Zweiflammenbrenner einen Kühlmantel mit hygroskopischer Masse, die naß zu halten ist. Die aufgesaugte Feuchtigkeit verdunstet und kühlt das Mundstück. Anwendungsgebiet: Nähte an Blechen von 4—10 mm Dicke, Bild 40 und 43 b.

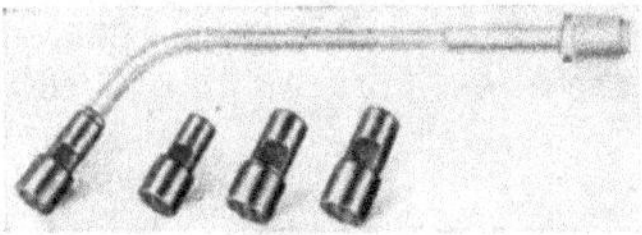

Bild 41. Brausekopf-Mundstücke

b) Anwärmeinsätze, für Wechselbrenner passend, mit Brausekopfmundstück dienen zum

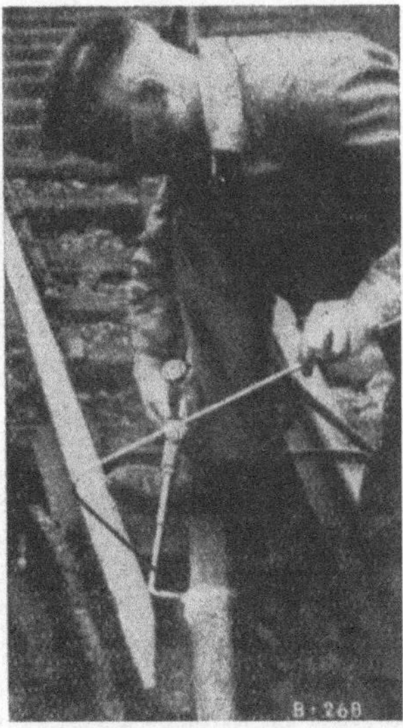

Bild 42. Schweißeinsatz mit Kurzmundstück

Vorwärmen größerer Flächen, zum Ausglühen, zum Hartlöten usw. Der Brausekopf hat eine Anzahl kleiner Bohrungen und läßt das Gemisch in einzelnen kleinen Flammen brennen, die die Wärme auf eine größere Zone gleichmäßig verteilen, Bild 41 und 43d.

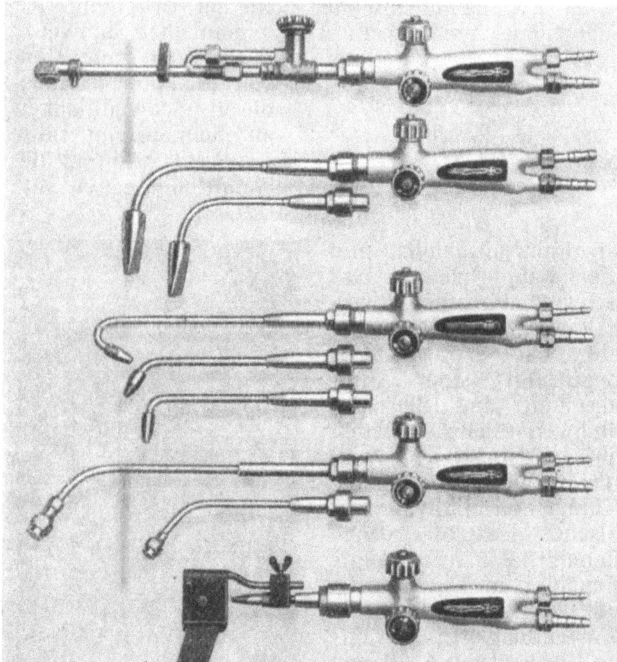

a

b

c

d

e

Bild 43. Brenner „Griesheim-Norm" mit
a) Siederohr-Schneideinsatz, b) Zweiflammen-Schweißeinsätzen, c) Schweißeinsätzen mit Kurzmundstücken, d) Hartlöteinsätzen (Brauseköpfen), e) Lötkolbeneinsatz

c) Rohrschweißeinsätze.

Schweißarbeiten an Rohrleitungen oder bei Montage solcher Leitungen müssen oft an Stellen ausgeführt werden, die mit der Flamme normaler Brenner schwer zu erreichen sind und u. U. nur indirekt unter Zuhilfenahme eines Spiegels beobachtet werden können. Einsätze mit Kurzmundstücken und verschieden gebogenen Mischrohren sollen diese Arbeit erleichtern, Bild 42 und 43c.

d) Die Kunststoff-Schweißbrenner arbeiten allgemein mit einem Preßluftstrom, der durch eine Druckluft- oder Bunsen-Brenngasflamme auf eine Temperatur von 250—280° C gebracht wird. Als Brenngas für die Anwärmflamme kann Azetylen, Leuchtgas oder Propan verwendet werden. Über Preßluft und Gasverbrauch vgl. Abschnitt XV.

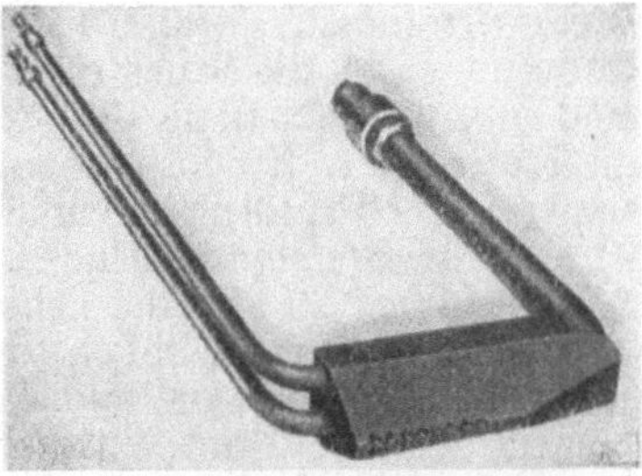

Bild 44. Mehrflammen-Maschinen-Schweißbrenner

3. Schweißmaschinen.

Schweißungen an Rohren u. ä. werden zweckmäßig maschinell ausgeführt. U. a. baut Griesheim-Autogen eine Schweißmaschine mit Drahtführung für Längsnähte bis zu 800 mm an Rohrschüssen, Behältern und dergleichen von 120—800 mm Durchmesser bei Blechstärken von 3—4 mm. Unabhängig von der Hand des Schweißers wird bei dem maschinellen Schweißen durch die gleichmäßige Brennerführung eine hochwertige Schweißung erzielt bei wesentlich kürzeren Schweißzeiten. Mehrflammen-Maschinen-Schweißbrenner werden mit auswechselbaren Mundstücken mit und ohne Wasserkühlung für Injektor- oder Druckgasbetrieb gebaut, Bild 44.

VIII. Schläuche und Rohrleitungen

1. Schläuche

Die Verbindung der Brenner mit den Azetylenentwicklern oder -flaschen und den Sauerstoffflaschen muß beweglich, knickfest, leicht, möglichst alterungsbeständig und Sommer und Winter im Freien und in Werkstatträumen gleich betriebssicher sein. Die Anforderungen an die Sauerstoff- und Brenngasschläuche sind in dem DIN-Blatt 1901 festgelegt. So sind u. a. die Kennfarbe für Sauerstoffschläuche blau oder schwarz, der Prüfdruck 40 atü, die lichten Weiten 4, 6, 9 mm. Für Brenngasschläuche ist die Kennfarbe rot, der Prüfdruck 20 atü, die lichten Weiten sind 4, 6, 9, 11 mm. In der Praxis üblich ist der 6 mm-Schlauch im Regelfall für Sauerstoff und Azetylen. Der früher allgemein benutzte 9 mm-Schlauch für Azetylen hat s. Zt. aus Ersparnisgründen dem 6 mm-Schlauch Platz machen müssen, zumal sein kleinerer Querschnitt bei dem heute meist verwendeten Mittel- und Hochdruckgas vollständig ausreicht. Nur in Sonderfällen, z. B. für lange Schlauchleitungen, bei besonders großen Gasmengen und bei Niederdruckazetylen kommen die größeren Abmessungen noch zur Verwendung.

Der bewährte Werkstoff der Schläuche ist Natur- oder synthetischer Kautschuk mit Gewebeeinlagen. Zum Schutz gegen äußere Abnutzung und Beschädigung findet man Schläuche mit Gewebeumhüllung, Draht- und Asbestarmierung; Metallschläuche haben sich auf die Dauer nicht bewährt, sie werden, besonders bei unvermeidbarem, schärferen Biegen leicht undicht und sind dann nicht mehr zu reparieren. Die Versuche, den teuren Natur- und Kunstgummi durch einen gummiartigen Austauschwerkstoff zu ersetzen, sind nur bedingt geglückt. Diese Werkstoffe (Thioplaste, Ausgangsstoff: Kohle) reagieren mit Festigkeit und Dehnung sehr stark auf die Temperatur. Bei Temperaturen unter 0° C, etwa bei Außenarbeiten im Winter, werden sie steif und unbeweglich, bei Erwärmung auf etwa 40 bis 50° C sehr weich und schlapp. Sie sind daher zweckmäßig nur für Innenräume verwendbar.

Die Befestigung der Schläuche an Druckminderer und Brenner geschieht durch genormte Tüllen mit Überwurfmuttern. Für Sauerstoffanschluß wird stets Rechtsgewinde, für Brenngasanschluß stets Linksgewinde verwandt. Tüllen und Überwurfmuttern und Gewinde am Druckminderer müssen den verwendeten Schlauchquerschnitten angepaßt werden. Als Schutz gegen Abgleiten der Schläuche können die Tüllen eingedrehte scharfe Rippen haben (Selbsthaftung); andernfalls muß durch Schlauchschellen oder Drahtbefestigung in mehrfachen Windungen die Befestigung gewährleistet sein.

Die Mindestlänge der Schläuche soll 5 m sein, ihre Querschnitte dürfen nicht zu klein sein und müssen den Bedarf der Arbeitsstellen mit großem Gasverbrauch, wie z. B. bei größeren Schneidbrennern und Apparaten berücksichtigen.

2. Rohrleitungen

a) Bei größeren Anlagen mit zentraler Sauerstoffbatterie oder Azetylenerzeugungsanlage werden die Schweißgase durch festverlegte Rohrleitungen den Arbeitsstellen zugeführt. Ihre Verlegung muß nach den Bestimmungen der Azetylenverordnung und den Unfallverhütungsvorschriften der Berufsgenossenschaften, vgl. S. 124ff., erfolgen. Wichtig ist die ausreichende Dimensionierung der Rohre. Bei langen Leitungen ist ein Druckverlust nicht zu vermeiden, bei zu kleinem Leitungsquerschnitt kann bei den letzten Arbeitsstellen u. U. infolge Gasmangels, z. B. bei Niederdruckazetylen, die Schweißflamme mit Sauerstoffüberschuß brennen und eine fehlerhafte Naht liefern. Die lichte Weite der Sauerstoff- und Azetylenleitungen ergibt sich aus der Leitungslänge, der stündlich durchfließenden Gasmenge, dem Mindestbetriebsdruck und dem zulässigen Druckverlust. Allgemein gilt, daß mit steigendem Betriebsdruck und damit größerem zulässigen Druckverlust kleinere Rohrweiten gebraucht werden.

Gleichmäßige Druckverteilung wird durch Ringleitungen erreicht, die bei zentralen Anlagen die Regel sind. Durch Verlegung mit Gefälle und Anordnung von Ventilen oder Hähnen an den tiefsten Stellen ist für Entwässerungsmöglichkeit zu sorgen. Schutz vor Frostgefahr (bei Freileitungen 0,75—1 m Erddeckung) und vor zusätzlichen Beanspruchungen (Durchbiegung usw.) ist wichtig. Undichte Stellen an Brenngasleitungen nur durch Abpinseln mit Seifenlauge, durch Wasserdruck oder Geruch feststellen, niemals durch Ableuchten mit offener Flamme! Vgl. S. 124 ff.

b) Sauerstoffleitungen können aus Kupfer, Messing und seit 1942 auch aus Stahlrohr sein. Die Rohrstücke werden geschweißt oder mit Muffen hart gelötet, ihre Wandstärke wird nach dem höchsten Betriebsdruck, die lichte Weite nach der durchfließenden Gasmenge bei niedrigstem Betriebsdruck bemessen, wobei Leitungslänge und zulässiger Druckabfall mitsprechen.

Verboten sind bei Sauerstoffleitungen organische Dichtungsstoffe, wie Klingerit und Vulkanfiber, sowie organische Schmiermittel; zulässig sind nur Asbest- und reine Metalldichtungen. Reinigung, Druck- und Dichtheitsprobe sind gemäß Azetylenverordnung durchzuführen.

c) Für Azetylenleitungen als Werkstoff zugelassen sind Messing und nicht rostender Stahl, verboten ist Kupfer. Die Rohre müssen zu dem Betriebsdruck auch dem bei einem etwaigen Azetylen-Zerfall auftretenden zusätzlichen Druck standhalten können.

An jeder Gebrauchsstelle für Sauerstoff-Entwicklergas sowie für Sauerstoff-Flaschengas mit einfachen Absperrventilen muß die Gasleitung eine zugelassene Wasservorlage haben, bei Flaschengasleitungen mit Druckminderer ist die Wasservorlage nicht erforderlich. Für die Sauerstoff-Leuchtgasflamme ist die Vorlage an der Leuchtgasleitung vorgeschrieben.

Liegen mehrere Brenngasleitungen nebeneinander, so müssen sie durch Farbringe bezeichnet werden. Die Kennfarben sind für

Azetylen	gelb—weiß—gelb—weiß—gelb
Sauerstoff	gelb—blau—gelb—blau—gelb
Wasserstoff	gelb—rot—gelb—rot—gelb
Stickstoff	gelb—grün—gelb—grün—gelb
Leuchtgas	gelb—rot—gelb
Wassergas	gelb—grün—gelb
Preßluft	blau—rot—blau.

IX. Die zentrale Sauerstoff- und Azetylenversorgung

1. Die Konstantdruckanlage

Zur Erhöhung der Wirtschaftlichkeit und Betriebssicherheit wurden in den beiden letzten Jahrzehnten in größeren Schweißbetrieben die vielen kleinen Gasentwickler mit ihren Sauerstoffflaschen durch Großentwickler und zentrale Sauerstoffbatterien, Bild 45, ersetzt, die in getrennten Räumen untergebracht werden müssen. Die Schweißgase werden in Werkstattringleitungen, vgl. S. 80, geführt, von denen zu den Gebrauchsstellen Zweigleitungen abgehen.

Die moderne Azetylenerzeugungsanlage besteht aus einem Großentwickler (oder seltener aus einer zweiteiligen, umschaltbaren Flaschenbatterie)

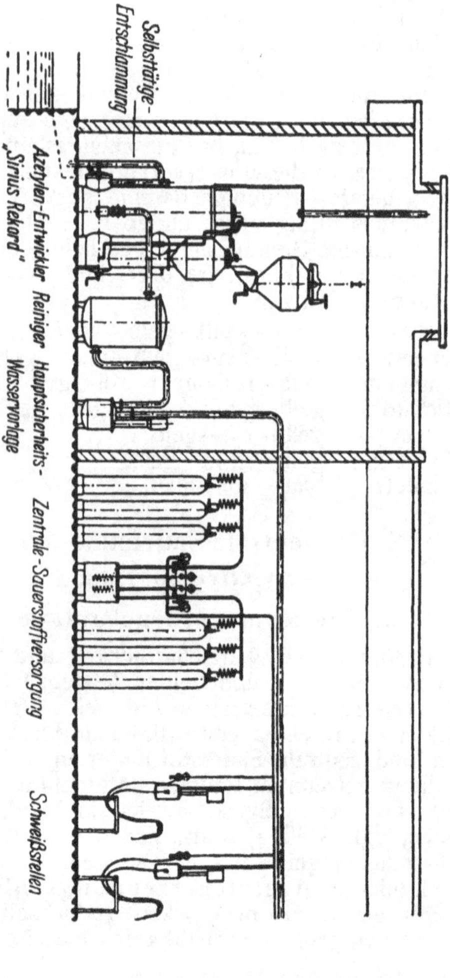

Bild 45. Anlage mit zentraler Sauerstoffversorgung

in besonderem Entwicklerraum mit automatischer Schlamm-Abtransporteinrichtung und dem hiervon getrennten Karbidlagerraum. Durch Zentraldruckregler wird der Gasdruck möglichst konstant auf 0,3—0,5 atü (Hochdruck) gehalten, etwaige Druckschwankungen im Entwickler wirken sich nicht mehr auf das Mischungsverhältnis am Brenner aus. Die Gasentnahme an der Gebrauchsstelle muß über eine zugelassene Wasservorlage gehen.

Die Werkstattringleitung für Sauerstoff wird von der einen Hälfte einer zweiteiligen Batterie gespeist und erhält durch den Zentraldruckminderer, Bild 46, einen konstanten Vordruck von 5 bis 10 atü (Mitteldruck) bei reinem Schweißbetrieb, von 10 bis 15 atü (Hochdruck) bei Schweiß- und Schneidarbeiten. Der Sauerstoffdruck an der Arbeitsstelle wird mit einem einfachen Druckminderer nach der jeweiligen

Bild 46. Zentraldruckminderer, Bauart Zinser

Arbeit an der Abzweigleitung eingestellt, in der infolge des konstanten Ringleitungsdrucks keine Druckschwankungen mehr auftreten. — Arbeitet der Betrieb mit Konstantdruckbrennern (vgl. S. 72), so kann bereits der Zentraldruckminderer an der Batterie auf diesen Druck, 2,5—3 atü, eingestellt werden, und an den Entnahmestellen genügen einfache Absperrventile.

Zentraldruckminderer.

Der in Bild 46 wiedergegebene Zentraldruckminderer des Azetylenwerks Zinser, Ebersbach-Fils (Württ.), hat an Stelle der üblichen starken Feder- oder Gewichtsbelastung den Sauerstoff als Gegendruck verwendet, der durch ein besonderes Regelventil (rechts) eingestellt wird und durch eine Umgangsleitung auf die Membrane drückt. Die zweistufige Druckminderung sichert den konstanten Druck in der Ringleitung.

Schneidmaschinen mit hohem Sauerstoffverbrauch erfordern eine besondere Hochdruckleitung für mindestens 20 atü bis zur Gebrauchsstelle, an der der Sauerstoffdruck mit normalem Druckminderer eingestellt wird. — Oder es wird für mehrere dieser Gebrauchsstellen eine besondere Speiseleitung gelegt, von der die Zuleitungen zu den Entnahmestellen abzweigen.

Sobald die eine Hälfte der Sauerstoffbatterie auf den niedrigsten zulässigen Druck entleert ist, wird auf die andere Hälfte umgeschaltet. Die Restinhalte der abgeschalteten Flaschen, manchmal 10 und mehr atü, können vor Rücksendung zum Füllen an Einzelschweißstellen, bei Montagen, Lötarbeiten usw. verbraucht werden.

Die Konstantdruckanlagen arbeiten also mit verschiedenen Azetylen- und Sauerstoffdrücken und verwenden Injektorbrenner, die durch die Strömungsenergie des Sauerstoffs das Brenngas ansaugen, aber infolge der konstanten Drücke in beiden Leitungen nach einmal vorgenommener Einstellung keine Veränderungen der Flamme mehr haben. Denn der genügend hohe

Vordruck des Brenngases gleicht den „Rückstau“ bei erhitztem Brennermundstück, die Ringleitung den Druckverlust in der Zuleitung aus.

2. Die Gleichdruckanlage

Die vorstehend behandelte Konstantdruckanlage hält zwar die Drücke an der Brennermündung konstant und sorgt dadurch für eine gleichbleibende Gemischzusammensetzung, überläßt aber der Sorgfalt und dem Verantwortungsbewußtsein des Schweißers die Einstellung einer neutralen Schweißflamme. Es kann also durch Fahrlässigkeit doch noch mit einer falsch eingestellten Flamme gearbeitet werden. Diesem Mangel soll die Gleichdruckanlage abhelfen. Der Sauerstoff erhält vom Zentraldruckminderer der Batterie 2 atü, das Azetylen 1 atü Vordruck (bei Flaschengas vom Zentraldruckminderer der Batterie, bei Entwicklergas durch Einschaltung eines kleinen Kompressors hinter dem Entwickler). Mit diesen Vordrücken treten die Gase in den Gleichdruckregler, der auf der Sauerstoffseite als einstufiger Druckminderer den Sauerstoffdruck auf 0,6—0,75 atü herabsetzt. Durch Membrane wirkt der Sauerstoff so lange auf die Azetylenseite ein, bis dort derselbe Druck von 0,6—0,75 atü herrscht. Beide Gase verlassen mit gleichen Drücken den Gleichdruckregler, beide durchströmen je eine Wasservorlage und treten dann in die Ringleitung und die Abzweigungen ein.

Die Wasservorlage ist für beide Gase erforderlich, da wegen des gleichen Druckes für jede der beiden Leitungen die Gefahr des Rückstromes des anderen Gases besteht. Die Entnahmestellen haben eine Wasservorlage nicht mehr nötig, Doppelabsperrventile genügen. Die Gleichdruckbrenner können durch Auswechslung der Mundstücke auf die verschiedenen Blechstärken eingestellt werden und arbeiten mit dosierten Gasmengen. Sie erfolgt durch einen Dosierhahn, dessen jeweiligen Stellungen ein bestimmter

Durchgangsquerschnitt und damit eine bestimmte Gasmenge entspricht. Die Durchgangsmenge ist durch je eine Skala auf dem Hahnküken und dem Hahnkörper, sowie auf dem entsprechenden Brennereinsatz festgelegt. Decken sich diese drei Ziffern, so ist der Brenner richtig eingestellt. Das Abstellen wird durch einen vor der Hand liegenden Absperrhahn für beide Gase gemeinsam vorgenommen, ohne daß sich dadurch das Mischungsverhältnis bei Wiederaufnahme der Arbeit verändert.

Eine fahrlässig falsche Flammeneinstellung ist bei Gleichdruckanlagen nicht möglich. Allerdings besteht

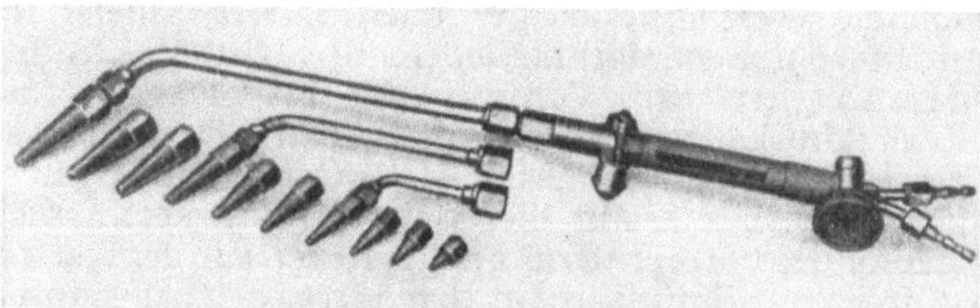

Bild 47. „Frama“-Gleichdruckbrenner

auch nicht immer völlige Sicherheit für die Einstellung einer genau neutralen Flamme, eine Kontrolle des zentralen Gleichdruckreglers bleibt erforderlich. Eine etwa gewünschte Einstellung der Flamme mit Azetylenüberschuß, z. B. für Gußeisenschweißungen, ist bei Gleichdruckbetrieb nicht möglich. Auch ist die Druckregeleinrichtung verhältnismäßig teuer. Daher werden Gleichdruckanlagen meist nur in der industriellen Serienfertigung, in der nur mit neutraler Flammeneinstellung gearbeitet wird, verwendet.

Bild 47 und 48 zeigen eine „Griesheim-Frama“-Flaschengas-Anlage für Gleichdruck mit dem dazugehörigen Schweiß- und Schneidbrenner für 0,75 atü Arbeitsdruck. Die Kupferspitzen sind auswechselbar gegen Anwärm- und andere Mundstücke. Die Dosierung der

Gasmengen regelt der am Brennergriff hinten befindliche Doppelhahn. Er stellt die Gasmengen entsprechend der Flammenstärke so ein, daß ihr Mischungsverhältnis, unabhängig vom Willen des Schweißers, stets gleich bleibt. Der Schneideinsatz ist für Materialstärken bis 300 mm verwendbar, der erforderliche Schneidsauerstoff wird durch einen dritten Schlauch der ersten Stufe am Sauerstoff-Druckminderventil entnommen, Bild 48.

Bild 48. „Frama"-Flaschengas-Gleichdruckanlage

X. Schneidbrenner und Schneidmaschinen

1. Die Schneidflamme

Beim Brennschneiden werden in einem chemischen und einem physikalischen Vorgang durch einen Sauerstoffstrahl Stahlstücke getrennt. Stahl, wie fast alle Metalle, geht leicht mit Sauerstoff eine Verbindung ein. Mit steigender Temperatur verstärkt sich diese Neigung. Trifft reiner Sauerstoff auf rotglühenden Stahl, so tritt schnell ein örtliches Anschmelzen des Metalls ein, das dann im Sauerstoffstrom verbrennt (oxydiert). Da das dünnflüssige Oxyd vom Sauerstoffdruck weggeblasen wird, geht die Verbrennung durch die ganze Dicke des Werkstoffes. Bewegt man den Sauerstoffstrahl gleichmäßig weiter, so wird der Werkstoff durch eine Fuge geteilt. Durch die chemische Reaktion entsteht also ein dünnflüssiges Oxyd, das durch den physikalischen Vorgang, die Druck- und Blaswirkung des Sauerstoffstrahles, aus der entstehenden Trennfuge entfernt wird.

Daraus ergeben sich die Aufgaben der Schneidflamme und die Einrichtung der Schneidgeräte. Vor dem eigentlichen Brennschneiden im Sauerstoffstrom muß die Anschnittstelle auf Rotglut erwärmt werden. Die Schneidgeräte müssen daher eine Vorwärm- (Heiz-) flamme außer dem Schneidsauerstoffstrahl haben. Durch eine zu große oder zu heiße (Sauerstoffüberschuß!) Vorwärmflamme werden die Schnittkanten zu sehr angeschmolzen und unsauber.

2. Die Schneidbrenner

Die Ausführung der Schneidbrenner erfolgt in drei Größen:

Klein- (Dünnblech-) Schneidbrenner
für etwa 0,5—6 mm Schnittstärke

Normale Schneidbrenner
für etwa 3—300 mm Schnittstärke

Große Schneidbrenner
für etwa 300—800 mm Schnittstärke

Klein- und Normal-Schneidbrenner werden als Einzel- und Kombinationsbrenner ausgeführt, große Schneidbrenner nur als Einzelbrenner.

Die Normungsarbeiten für einen Einheits-Schneidbrenner und Schneideinsatz für Einheitsbrenner sind noch im Fluß. Während für Autogen-Druckminderer zwei Druckstufen von 0—10 und 0—20 atü Arbeitsdruck festgelegt sind, ist der Schneidsauerstoff-Druckbereich noch nicht vereinheitlicht. Die meisten

Brennertypen verlangen 12—15 atü Sauerstoff-Druck zu Schnitten von 300 mm Stärke. Druckminderer bis 10 atü Arbeitsdruck sind für Schneidarbeiten bis höchstens 200 mm Blechstärke geeignet.

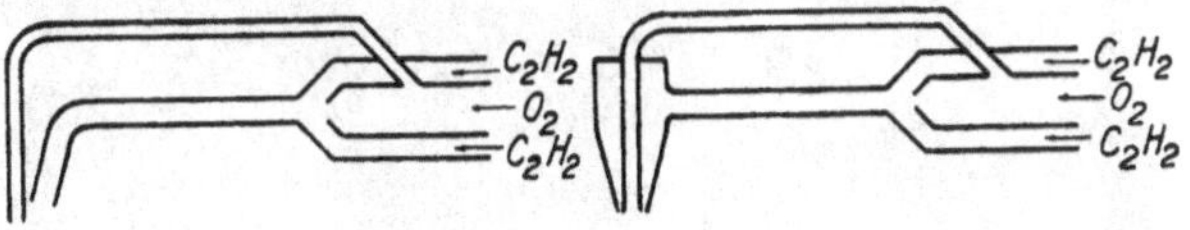

Bild 49. Schema der Düsenanordnungen bei Schneidbrennern

Die Düsenanordnung der Schneidbrenner ist in Bild 49 schematisch dargestellt. Die linke Ausführung zeigt den Brenner mit hintereinanderliegenden Düsen, der nur in einer Schneidrichtung arbeiten kann, aber schärfere Schnittkanten erzielt (Zweistrahlbrenner); die rechte die Anordnung konzentrisch liegender Düsen (Ringdüsen), die eine Schneidbewegung nach

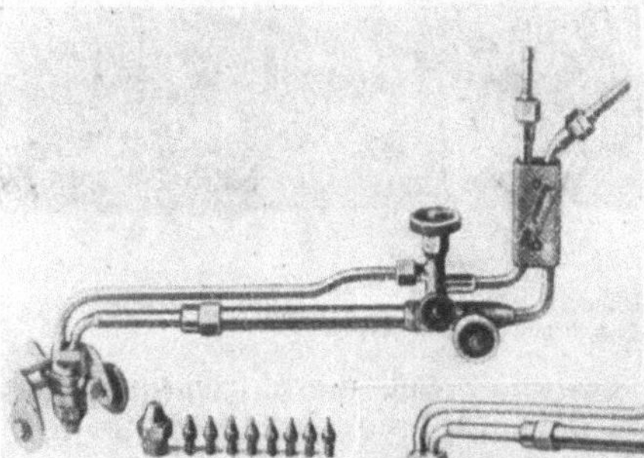

Bild 50.

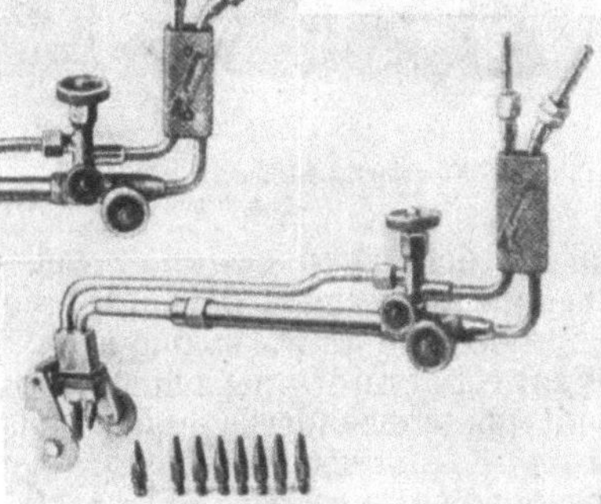

Bild 51.

Einzel-Schneidbrenner

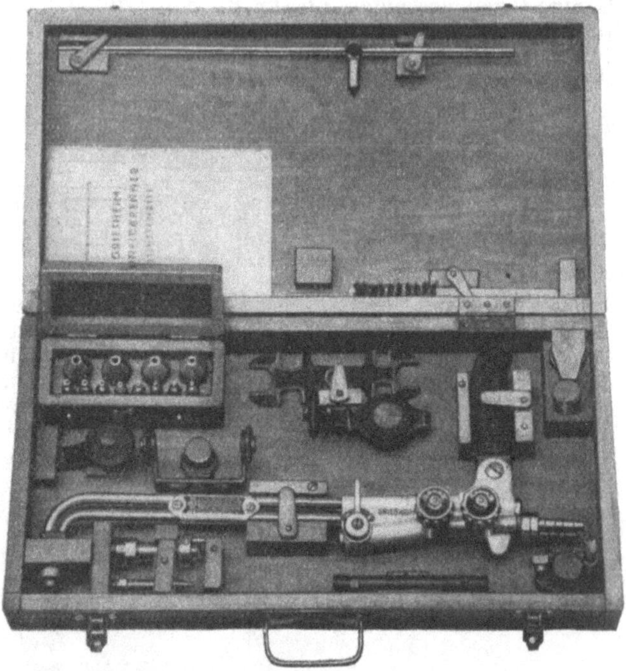

Bild 52. Kombinations-Handschneidbrenner „Fortschritt“ mit kompl. Einrichtung im Tragkasten

allen Richtungen gestattet, weil die Vorwärmflamme den Schneidsauerstoff ringförmig umgibt, dafür aber eine breitere Anwärmzone schafft. Bild 50 zeigt einen Einzelbrenner mit ineinander (konzentrisch), Bild 51 mit hintereinanderliegenden Düsen, Messingausführung, Kupferdüsen. Heizgas: Azetylen oder Leuchtgas. Schneidleistung bis 300 mm Werkstoffdicke. Beide Brenner sind für Schrottverarbeitung besonders geeignet.

Den Kombinations-Handschneidbrenner „Fortschritt" mit Ringdüsen, verstellbarem Handgriff, leicht auswechselbaren Mischdüsen, Schnellverschluß für Schneidsauerstoff, auswechselbaren Schneiddüsen für verschiedene Zwecke zeigt Bild 52 in einem Tragkasten. Zubehör: Einradwagen für Schnitte an schmalen Werkstücken, Führungssporn für schwer zugängliche Stellen, lange Düse und Sporn für Profileisenschnitte, Nietkopf-Schneiddüse, Zirkelspitze für kleine Kreisschnitte, Zirkelspitze und -stange, Guß-

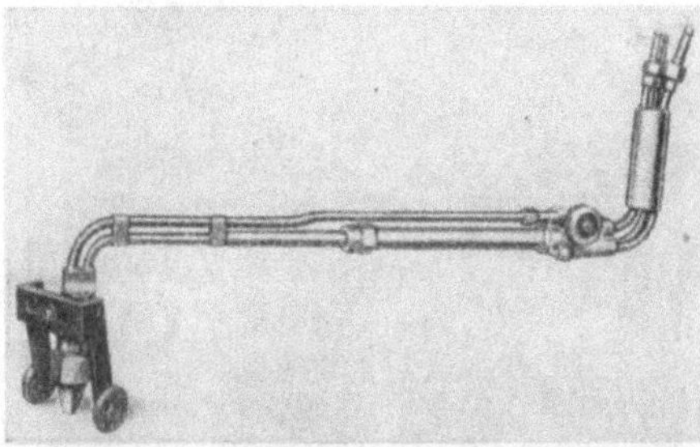

Bild 53. Dreischlauch-Starkschneidbrenner, Bauart Messer

eisen-Schneidbrenner, Wellenschneidevorrichtung. Der Brenner hat Düsen für Azetylen, Wasserstoff, Leuchtgas und Propan und schneidet Materialstärken von 3 bis 250 mm.

Für große Werkstoffdicken werden Dreischlauchbrenner gebaut, die den Schneidsauerstoff in einem besonderen Schlauche der Düse zuführen, Bild 53. Mit Starkschneidbrennern ist es möglich, rotwarme Blöcke bis 1000 mm zu trennen.

Einen Dünnblech-Kombinationsbrenner zum Schweißen von 0,2—0,9 mm bei konstantem Sauerstoffdruck von 2,5 atü und zum Schneiden von 0,5 bis 6 mm Blechen bringt Griesheim-Autogen in einem handlichen Transportkasten auf den Markt. Dieser

Kleinbrenner hat ein Leichtmetallgriffrohr, 6 Schweißeinsätze, 1 Schneideinsatz mit Zwei- und Einradwagen und Rundführung für Kreis- und Kurvenschnitte von 30—500 mm Durchmesser. Sein Bau als Zweistrahlbrenner gewährleistet saubere Schnittkanten.

Bild 54 zeigt eine komplette Schweiß- und Schneidausrüstung mit 6 Schweißeinsätzen,

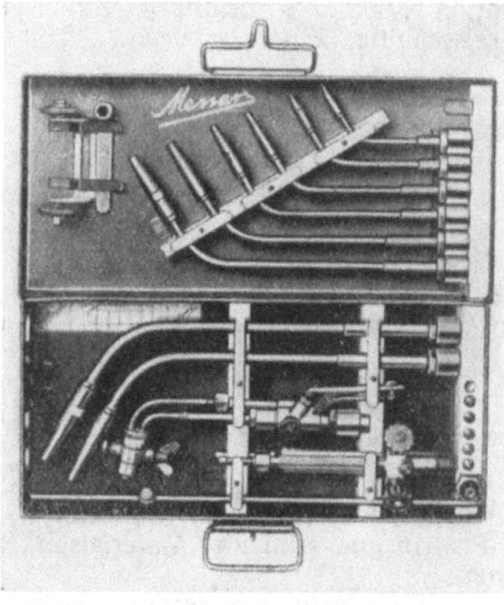

Bild 54. „Messer"-Schweiß- und Schneidausrüstung

1 Schneideinsatz mit Zweiradwagen und 6 Schneiddüsen in Holz- oder Blechkasten für Montagezwecke.

Ein tragbares Schweiß- und Schneidgerät für die verschiedensten Zwecke ist auf Bild 55 zu sehen.

Der Schneidbrenner kann von Hand oder maschinell geführt werden. Der Unterschied im Zeitaufwand zwischen Hand- und Maschinenschnitt ist gering, aber Sauberkeit und Güte des Maschinenschnittes bleiben

Bild 55. Tragbares Kombinationsgerät

doch denen des Handschnittes auch des geübten Arbeiters weit überlegen; dies beruht auf der besseren Anpassung an Materialstärke und Schneidsauerstoffstrahl (Düsengröße) und größerer Gleichmäßigkeit des Vorschubs.

3. Die Schneidmaschinen

Die ortsbeweglichen Maschinen werden durch Elektro- oder Sauerstoffmotor angetrieben. Nach Vorschubtabelle kann die Geschwindigkeit dem Material und der Schneiddüsengröße angepaßt und bei einigen Modellen am Tachometer abgelesen werden. Geradführungen, biegsame Schablonen für Kurven- und Rundführungen für Kreisschnitte ermöglichen neben der freihändigen Führung eine vielseitige Verwendung.

Bild 56 zeigt den Griesheim-Schneidmotor beim Schrägschnitt. Elektrischer Antrieb, Anschluß an Lichtleitung. Geeignet für Schnitte an Werkstoff von 2 bis

100 mm Stärke. Staubdichte Kapselung, Schnittgeschwindigkeit durch Widerstand stufenlos mit Drehknopf zu regeln, Tachometer, Vor- und Rücklauf, Querverstellung und Schrägstellung des „Fortschritt"-Brenners.

Bild 57 stellt den Sirius-Oxymotor dar, der keinen elektrischen Antrieb hat und die im Sauerstoff vorhandene kostenlose Energie ohne Sauerstoffmehrverbrauch zum Vorschub verwendet. Schnittgeschwindigkeits- und Sauerstoffverbrauchsregelung mit Handrad,

Bild 56. Griesheim-Schneidmotor

Bild 57. Sirius-Oxymotor

Quer- und Höhenverstellung, nur ein Zweischlauchanschluß. Geeignet für Schnitte an Werkstoffen von 5 bis 100 mm.

Beide Maschinen führen Gerad-, Kurven-, Kreis-, Schrägschnitte aus und können mit Azetylen, Wasserstoff und Leuchtgas arbeiten.

Die *ortsfesten Maschinen* arbeiten mit Geradführung oder Schablone, nach Zeichnung oder nach Anriß.

Für kleine und mittlere Betriebe bringt die Adolf Messer G.m.b.H., Frankfurt/Main, die Universal-Schneidmaschine „Corta" auf den Markt (Bild 58), sie schneidet nach Anriß des Werkstücks und nach Zeichnung durch Handsteuerung der Laufrolle, die elektrisch beleuchtet ist, nach Schablonen und Kreise durch auto-

Bild 58. Universal-Schneidmaschine „Corta“, Bauart Messer

Bild 59. Schneidmaschine, Bauart Griesheim

matische Steuerung der Maschine. Der Auslegearm ermöglicht Schnitte von 750—2000 mm Länge und 500 bis 1000 mm Breite.

Für größere Schneidbereiche, 2000—2300 mm, ist die Griesheim-Brennschneidmaschine auf Bild 59 bestimmt.

Bild 60. Schneidmaschine, Bauart Griesheim, mit Lenkrad am Brennerkopf

Bei Arbeiten nach Zeichnung wird sie von Hand mit Zeigestift gesteuert, bei Arbeiten nach Anriß mit Lenkrad am Brennerkopf (Bild 60). Vollautomatische Steuerung des Brenners erfolgt bei Arbeiten nach Schablonen, Holzschablonen mit Klemmrolle oder Eisenschablonen mit magnetischer Führungsrolle. Der Brennerkopf ist mit Lenkrad, verstellbarem Support, mit Brenner-Segmentverstellung ausgerüstet. Es können alle Form-, Kreis-, Gerad- und Schrägschnitte, auch V- und X-Nahtschnitte mit Zusatzgerät, ausgeführt werden.

Bei Schnitten nach Zeichnung erleichtert die bei

neueren Ausführungen häufig eingebaute Lichtkreuzsteuerung, bei der ein helles Fadenkreuz senkrecht die Unterlage trifft, die Steuerung des Brenners. Das Lichtkreuz muß sich genau auf der Zeichnungslinie bewegen.

Die Pflege der Schneidbrenner und -maschinen muß ebenso gewissenhaft wie die der Schweißbrenner sein, wenn gute Arbeit geleistet werden soll. Die Brennerköpfe mit ihren genau bemessenen Düsen sind Präzisionswerkzeuge, bei denen z. B. die kleinste Gratbildung an den Düsen Störungen hervorrufen kann.

XI. Die autogene Metallbearbeitung

1. Schweißen

Stahl.

Richtige Vorbereitung der Schweißnähte ist Voraussetzung für saubere Arbeit. Bleche bis 1,5 mm Stärke werden mit Bördelnaht ohne Zusatzwerkstoff durch Herunterschmelzen des Bördels verschweißt.

Der Stumpf- (Parallel-)stoß wird ohne Abschrägung der Kanten bei Blechen bis 4 oder 5 mm angewendet, vorteilhaft auf einer mit Rille versehenen Kupferunterlage, die gutes Durchschweißen ermöglicht und für schnelle Wärmeableitung sorgt. Bild 61 zeigt verschiedene Nahtvorbereitungen. Bleche von 5 bis 20 mm Dicke werden mit V-Naht 1, zweckmäßig mit wurzelseitigem Nachschweißen, verbunden, während beiderseits zugängliche Nähte bei Blechstärken von 10 mm ab aufwärts auch mit der X-Naht 2 geschweißt werden, die bei gleicher Blechstärke und gleichem Fugenwinkel nur die Hälfte des Zusatzwerkstoffes erfordert. Ist bei dickeren Blechen nur eine Seite zugänglich, so kann die in der Vorbereitung zwar teuerere U-(Kelch-, Tulpen-) Naht 5 ausgeführt werden, die aber gegenüber der V-Naht schmalere Schweißzonen und geringeren Zusatzdrahtbedarf hat. Billiger als die X-Naht ist die K-Naht 4, bei der nur ein Blech vorgearbeitet wird, die aber zur Übertragung größerer und wechselnder Kräfte nicht geeignet ist. Für Bleche von 50 mm Stärke und mehr ist die Steilkanten-Naht 3 üblich, deren mit Schneidbrenner zugeschnittene Kanten vor dem Schweißen durch zwei Raupen a eine kelchähnliche Form erhalten. Bei Verbindung verschiedener Blechstärken muß die Flamme hauptsächlich auf das dickere Blech, das mehr Wärme braucht, um mit dem dünneren gleichzeitig angeschmolzen zu sein, gerichtet werden. Ausführung 6 ist wegen der Kerbwirkung am Nahtübergang zum dünneren Blech nur für ruhend beanspruchte Bauteile zulässig. Die einwandfreie Verbindung für wechselnde Beanspruchung wird durch Verjüngung des dickeren auf das dünnere Blech 7 mit normaler V-Naht hergestellt.

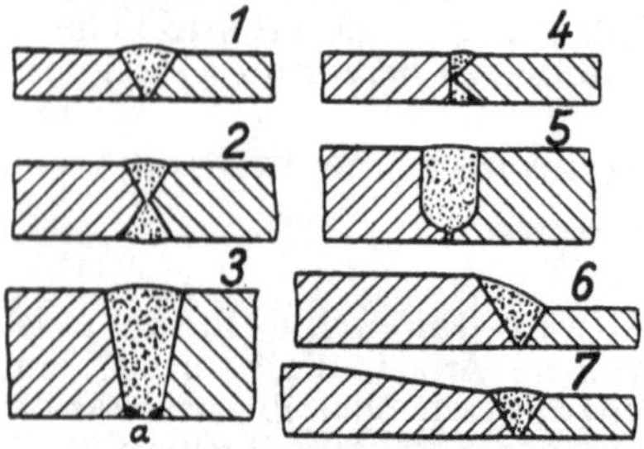

Bild 61. Nahtvorbereitung

Konstruktiv wichtige Schweißverbindungen zeigt auch Bild 62. Technisch einwandfrei, aber teuer ist Eckverbindung 1, da beide Bleche abgeschrägt werden. Gut ist 2, wenn die inneren Ecken gewissenhaft durchgeschweißt werden; billig und gut ist der Eckstoß 3, der einfach, dicht und biegefest ist. Die doppelseitigen Kehlnähte als Flachnaht 4 und als Hohlnaht 5 finden bei ruhend beanspruchten, die doppelseitigen Eckstumpfnähte 6 und 7 bei wechselnd beanspruchten Verbindungen Anwendung. Strömungs- und schweißtechnisch richtig ausgeführt sind die Rohrschweißungen 8, bei denen der Ausschnitt des Hauptrohres bzw. des Abzweigrohres ausgehalst und durch gering beanspruchte Stumpfnähte verbunden

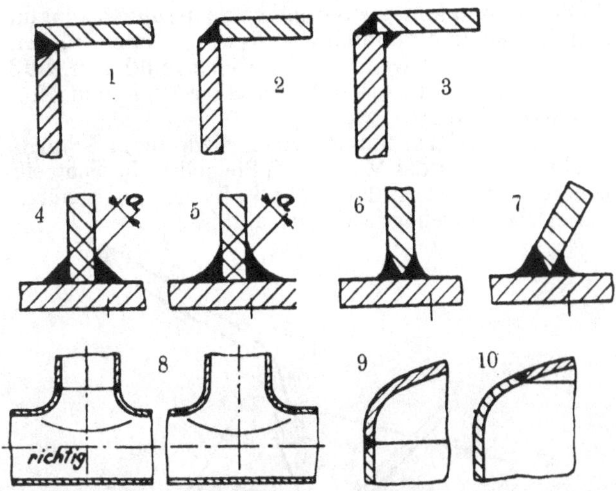

Bild 62. Konstruktiv wichtige Schweißverbindungen

sind. Der Bodeneinbau 9 an Behältern ist einwandfrei, auch 10 ist gut, aber teuerer durch die Biege- und Paßarbeiten an Mantel- und Bodenblech.

Erst planvolle Forschungsarbeit über die Vorgänge beim Schweißen, Werkstoffveränderungen beim Umschmelzen und über den Einfluß von Legierungsbestandteilen in den letzten Jahrzehnten ermöglichten die Herstellung brauchbarer Zusatz-(Schweiß-)drähte. Werkstoff für Schweißdrähte ist heute Siemens-Martinstahl oder Thomasstahl mit Legierungen zur Verhinderung des Spritzens. Durch Normung sind die mechanischen Eigenschaften und Legierungsbestandteile der Schweißdrähte für die verschiedenen Werkstoffgruppen bestimmt, z. B. für die Verbindungsschweißung von Stahl, nicht rostendem Stahl, Gußeisen, Kupfer und Kupferlegierungen, Nichteisenmetallen, ferner für Stahl-Auftragsschweißung.

Die Bundesbahn hat besondere Lieferungsbedingungen für die zu Verbindungs-, Auftrags- und Brückenschweißungen verwendeten Stahl-Schweißdrähte, Gußeisenstäbe für Gußeisen-Warmschweißung und Kupferschweißdrähte.

Die Flußmittel müssen einen niedrigeren Schmelzpunkt haben als der Werkstoff. Sie sollen die Schweißzone vor Oxydation durch den Luftsauerstoff schützen und etwa entstehende Oxyde auflösen.

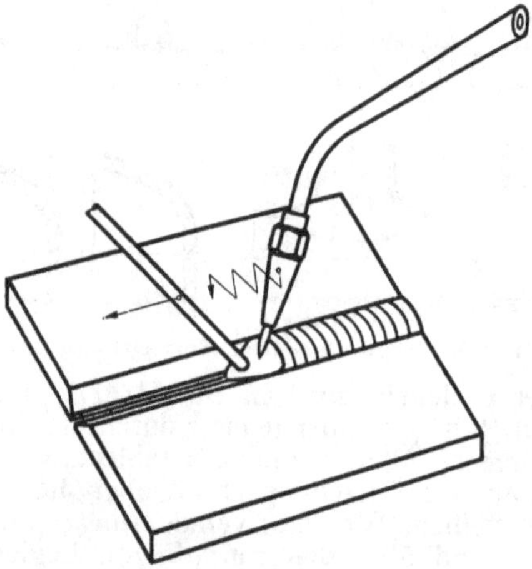

Bild 63. Schema der Nachlinks-Schweißung

Die Praxis kennt zwei Arten der Brennerführung: die Nachlinks-Schweißung und die Nachrechts-Schweißung. Die Nachlinks-Schweißung, Bild 63, wird heute noch bei dünnen Blechen unter 3—4 mm Dicke und bei Nichteisenmetallen bevorzugt. Von rechts nach links folgt die Flamme dem abschmelzenden, im Schweißbad rührenden Zusatzdraht mit halbkreisförmigen Bewegungen. Die Fuge wird mit einem Arbeitsgange ausgefüllt. Bei gleichen Blechstärken wird die Linksschweißung bei geringerer Leistung teuerer als die Rechtsschweißung, da sie länger dauert, viel Wärme nutzlos an den Werkstoff abgibt und daher mehr Gas verbraucht.

Die Nachrechts-Schweißung, Bild 64, wird allgemein bei Werkstoffen von 4—5 mm aufwärts angewendet. Die Flamme geht von links nach rechts geradlinig in der Fuge dem im Schweißbad rührenden und abschmelzenden Draht voraus. Bei größeren Werkstoffdicken wird das Zusatzmaterial auch in mehreren, nicht zu langen Lagen eingeschmolzen (Mehrlagenschweißung). Die Raupenoberfläche der Nachrechts-Schweißung ist rauh, aber diese Arbeitsweise ist wirtschaft-

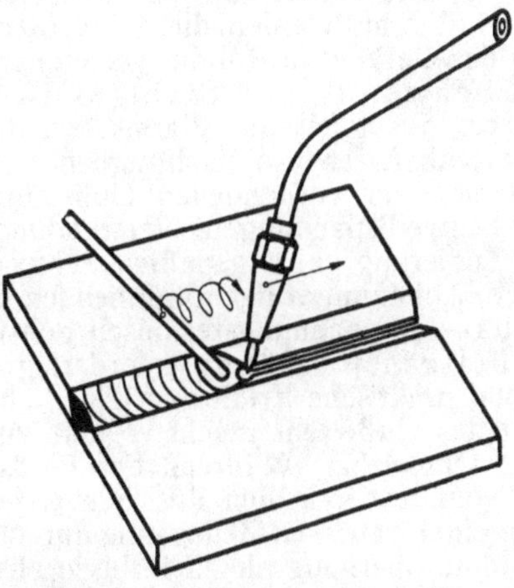

Bild 64. Schema der Nachrechts-Schweißung

licher als die Nachlinks-Schweißung, weil sie die Flammenwirkung besser ausnutzt, bei dem kleineren Abschrägungswinkel weniger Zusatzwerkstoff verbraucht und durch die geradlinige Flammenführung eine schmalere Schmelzzone und damit geringere Wärmespannungen ergibt.

Auftragsschweißung.

Werkstücke und Maschinenteile, die sich durch Reibung, Schlag oder Stoß stark abnutzen, können durch Auffüllen der Oberfläche oder sonstiger Verschleißstellen vollwertig instand gesetzt werden, z. B. Eisenbahnschienen (-kreuzungen, -Weichenzungen), hochbeanspruchte Laufflächen des allgemeinen Maschinenbaues, Gesteinsmeißel u. ä., Brunnenbohrer, Werkzeuge usw. Die autogene Auftragsschweißung (im Gegensatz zur Verbindungsschweißung) verwendet dazu Schweißdrähte von großer Härte (naturharte Stähle und sog. Hartlegierungen), die den verschiedenen Anforderungen genügen, wie Härte, Korrosionswiderstand usw. Wenn durchführbar, werden die Schweißen zur Verbesserung des Gefüges in Rotglut gehämmert.

Für das Schweißen von Stahlguß ist bei Werkstoff höherer Festigkeit die Warmschweißung (über 600° C) vorteilhaft, ebenso nachträgliches Ausglühen zum Ausgleich der vorhandenen Guß- und neuauftretenden Schweißspannungen. Verwendung von der Härte der Legierung gut angepaßtem Schweißdraht ist erforderlich, Abhämmern der rotglühenden Naht wirkt sich struktur- und spannungstechnisch günstig aus.

Die Gußeisenschweißung erfordert große Sachkenntnis und praktische Erfahrung. Der hohe Kohlenstoffgehalt des Gußeisens macht es hart und spröde, aber leicht schmelzbar. Während der Flußstahl beim Übergang vom festen in den flüssigen einen teigigen Zustand in einer gewissen Zeitspanne durchläuft, wird Gußeisen ohne Übergang plötzlich flüssig. Es muß mit Flußmitteln (siliziumhaltige Schweißpulver) zur Auflösung der Oxydhaut und mit der Legierung angepaßtem Gußeisen-Schweißstäben (mit hohem Kohlenstoff- und Siliziumgehalt) in waagerechter Lage ohne Unterbrechung geschweißt werden, wenn nötig sogar mit Ablösung der Schweißer. Mehrlagenschweißung ist nicht möglich. Flammeneinstellung mit Azetylenüberschuß, um den Ausbrand von Kohlenstoff und Silizium zu vermindern, der auch durch die Schweißstablegierung ausgeglichen werden soll. Es wird sowohl nach rechts als auch nach links geschweißt. Bei örtlichen Erhitzungen und bei Wärmestauungen infolge ungleicher Werkstoffverteilung nahe der Schweißzone treten Wärmespannungen auf, die bei der Sprödigkeit des Gußeisens leicht zu Rißbildungen bei Abkühlung führen können. Besteht bei einer Schweißung die Möglichkeit freier Ausdehnung und Schrumpfung, so kann kalt geschweißt werden. Andernfalls ist immer die Erwärmung des ganzen Gußstückes vor dem Schweißen auf Rotglut notwendig und die Schweißung in diesem Zustande auszuführen.

Zum Vorwärmen können Glühöfen benutzt werden, in denen nach der Schweißung die Werkstücke bei abnehmender Temperatur auch langsam erkalten können. Größere Teile werden in Holzkohlen- oder Koksfeuern, die häufig zu behelfsmäßigen Öfen oder Kisten mit Schamottsteinen, Asbest und Blech umbaut sind, auf Rotglut erwärmt und oft im Feuer liegend geschweißt, wobei das Werkstück keine Zugluft treffen soll. In jedem Falle (Kalt- oder Warmschweißung) ist die ganz langsame Abkühlung der Schweißnaht bzw. des Werkstückes zum Ausgleich der Guß- und Schweißspannungen und zur Verhütung nachträglicher Rißbildung nötig. Die Abkühlung kann je nach der Größe der Stücke mehrere Stunden oder auch Tage dauern.

Außer den erwähnten Gußeisen-Schweißstäben werden für Gußeisen-Kaltschweißungen auch gern Nichteisenmetalldrähte (meist Kupferlegierungen) benutzt, sie ergeben gut zu bearbeitende Nähte. Auch kann die Schweißbarkeit und die Festigkeit der Naht durch Verkupfern der Stöße im Metallspritzverfahren erhöht werden.

Temperguß ist ein Gußeisen, das in besonderen Glühverfahren durch Entkohlung dessen Eigenschaften verloren hat und zäh, warm und kalt biegbar geworden ist (schmiedbarer Guß). Er wird daher mit Stahlschweißdrähten wie Flußstahl mit neutraler Flamme verschweißt. Hat der Temperguß infolge geringer Entkohlung noch Gußeisencharakter (schwarzer Temperguß), so werden Gußeisen-Schweißpulver und -Schweißstäbe mit Gasüberschuß-Flamme verwendet bei möglichst langsamer Abkühlung nach der Schweißung. Bei unbekannten Eigenschaften von Tempergußstücken sollte man, um Mißerfolge zu vermeiden, besser hartlöten und nicht schweißen.

Legierte Stähle sind solche, deren mechanische Eigenschaften und Widerstandsfähigkeit gegen chemische Einflüsse durch besondere Zusätze, wie Nickel, Chrom, Molybdän, Vanadium, Wolfram u. a., erhöht sind. Ihre Schweißbarkeit hängt von der Legierung ab. Die Vielzahl der auf dem Markt befindlichen hochwertigen Stähle läßt eine Kennzeichnung im einzelnen nicht mehr zu. Dem Verbraucher kann nur dringend geraten werden, vor Verarbeitung eines ihm unbekannten Stahles sich von der Beratungsstelle für Autogentechnik EV. (BEFA), Knapsack bei Köln, kostenlos beraten zu lassen oder im Einzelfall von den Herstellern Auskünfte über die Schweißbarkeit und Behandlung des Werkstoffes und das geeignetste Schweißverfahren einzuholen.

Plattierte Werkstoffe (Verbundwerkstoffe) sollen devisenbelastete Nichteisenmetalle einsparen und sind infolge besserer mechanischer Eigenschaften als höherwertige Werkstoffe zu betrachten. Ein Verbundwerkstoff besteht in der Regel aus Stahl mit ein- oder beiderseitiger Deckschicht (Plattierung) aus Kupfer, Monelmetall, Nickel, Chromnickelstählen u. a. Die Plattierung, meist bis zu 10% der Gesamtdicke des Werkstoffes, wird in Deutschland fast nur durch Verbindung von Kernwerkstoff und Deckschicht in Walzwärme vorgenommen, bei der die Oberflächen der Metallschichten durch den Walzdruck ineinandergreifen, sich gleichsam verzahnen. Sie können durch mechanische Verformung, hohe oder tiefe Temperaturen, schwingende Beanspruchung usw. nicht gelockert werden, wie zahlreiche Versuche bewiesen haben.

Bei Verschweißung von Verbundwerkstoffen wendet man mit Ausnahme des Bördelstoßes und der Überlapptnaht die schon erwähnten üblichen Nahtformen an. Zuerst wird die Stahlseite geschweißt, dann die Plattierung 10—20 mm vom Schweißrand entfernt weggenommen, auf der Plattierungsseite die Nahtwurzel ausgekreuzt oder geschliffen und dann die Deckschicht aufgeschweißt.

Die Schweißung der Nichteisenmetalle (NE-Metalle) hat durch die besonderen Eigenschaften dieser Werkstoffe in Gefüge, Schmelztemperatur, Wärmeleitfähigkeit u. a. andere Vorbedingungen als die Stahlschweißung. Je nach ihren wärmetechnischen Eigenschaften sind sie mit größeren oder kleineren Brennern zu verschweißen als gleichstarke Stahlbleche. Ferner ist die Flamme nach der Werkstoffeigenart einzustellen. Wegen der Oxydhaut der meisten NE-Metalle muß mit passenden Flußmitteln gearbeitet werden, weil die Oxyde später schmelzen als der darunterliegende Grundwerkstoff. Da bei einigen NE-Werkstoffen das Flüssigwerden schwer und auch an der Farbe nicht zu erkennen ist, setzen diese Arbeiten besondere Erfahrungen und Kenntnisse voraus. Die Nähte müssen, weil sich fast immer eine grobkörnige Gußstruktur bildet und die mechanischen Eigenschaften dadurch schlechter werden, durch Glühen und Abhämmern vergütet werden (Kornverfeinerung und Gefügeverdichtung).

Kupfer und seine Legierungen.

Kupfer (Cu) wird wegen seiner größeren Wärmeleitfähigkeit bis 5 mm Blechstärke mit um eine Nummer, über 5 mm mit um zwei Nummern größerem Brenner verschweißt als der Stahlblechstärke entspräche. Schmelzpunkt 1083° C, Siedepunkt 2310° C. Neutrale Flammeneinstellung! Sauerstoffüberschuß führt zur Oxydbildung und Verbrennung der Schweiße, Gasüberschuß durch Wasserstoffabgabe aus der

Flamme zu poröser Naht (Wasserstoffkrankheit). Die Kupferschweißung wird häufig mit zwei Brennern ausgeführt, von denen der eine die Vorwärmung, der andere das Schweißen übernimmt, und muß ohne Unterbrechung beendet werden. Rechts- und Linksschweißung dabei gleichwertig. Vergüten der Naht durch Warmabhämmern. Unvergütete Nähte ergaben bei Versuchen 11—15 kg/mm², warmgehämmerte 23 kg/mm² Festigkeit, also fast 100% der Festigkeit des Walzkupfers (24 kg/mm²).

Messing (Ms), Kupfer-Zinklegierung, wird mit gleicher Brennergröße wie Stahl und mit gleichen Flußmitteln wie Kupfer verschweißt. Schmelzpunkt im Mittel bei 900° C. Da Zink zur Verdampfung aus dem Schmelzbade neigt (Siedepunkt schon bei 907° C), wird als Gegenwirkung die Flamme mit 20—30%igem Sauerstoffüberschuß eingestellt, je nach Güte des Zusatzdrahtes sogar bis 50%! Zusatzwerkstoff aus zinnhaltigem Sondermessing. Vergüten der Naht durch Abhämmern bei 500—600° C. Giftige Zinkoxyddämpfe! Absaugevorrichtung oder Verwendung von Schutzmasken erforderlich.

Zink und seine Legierungen.

Feinzink (Zn), Schmelzpunkt 419° C, Siedepunkt 907° C, mit Flußmittel (Salmiak, Zinkchlorid) gut schweißbar. Kleinschweißbrenner zweckmäßig, sonst 2—3 Nummern kleinere Einsätze als bei Stahlschweißung. Gasverbrauch etwa 25 l/h je 1 mm Blechstärke. Neutrale Flamme.

Bei Zinklegierungen (Kupfer-, Aluminium-, Blei- u. a. Zusätze) mit „verschleierter“ Flamme (leichter Gasüberschuß) arbeiten und auf Legierung abgestimmte Flußmittel verwenden. Ein für alle Zinklegierungen passendes Flußmittel gibt es noch nicht. Metallisch reine Schweißkanten beiderseits mit Flußmitteln (in Pastenform oder flüssig) bestreichen, ebenso den blank gemachten Schweißdraht. Zusatzdraht aus Feinzink bzw. bei Legierungen aus dieser angepaßtem Draht oder Blechstreifen vom Grundwerkstoff.

Flußmittelreste verursachen Korrosion, daher Schweißzone gründlich reinigen. Wenn das nicht möglich, säurefreie, harz- und kolophoniumhaltige Flußmittel verwenden.

Schutzmaßnahmen gegen die giftigen Zinkoxyddämpfe s. o.

Bleischweißung.

Hartblei (Aluminiumlegierung) läßt sich nicht schweißen.

Weichblei (Pb), Schmelzpunkt 327° C, Siedepunkt etwa 1525° C, Verdampfungsbeginn aber schon bei Rotglut, ist bei metallisch reinen Schweißkanten ohne Flußmittel mit neutraler Flamme schweißbar, zweckmäßig unter Verwendung einer Unterlage. Nur Linksschweißung! Zusatzdraht aus Hüttenblei. Infolge der leichten Schmelzbarkeit ergeben sich breite Nähte, es treten aber keine Risse als Folge von Wärmespannungen auf, da Blei eine geringe Wärmeleitfähigkeit hat, sehr weich und auch kalt gut verformungsfähig ist. Die hohe Temperatur der Sauerstoff-Azetylenflamme ergibt schmalere Nähte, höhere Arbeitsgeschwindigkeit und damit geringere Kosten als die Schweißflammen anderer Brenngase wie Wasserstoff, Leuchtgas usw. Die giftigen Bleidämpfe bilden einen gelben, übelriechenden Niederschlag, Schutzmaßnahmen wie bei Messing- und Zinkschweißung.

Leichtmetallschweißung.

Unter Leichtmetall versteht man im allgemeinen eine Metallgruppe, deren Einheitsgewicht unter 3,8 liegt. Für die Schweißtechnik sind Aluminium, das neben Sauerstoff und Silizium der am häufigsten auf der Erde vorkommende Grundstoff ist, und seine Legierungen wichtig.

Reinaluminium (Al) hat stets eine dünne Oxydhaut, die erst bei rd. 2000° C schmilzt, während Aluminium schon bei etwa 660° C flüssig wird. Verwendung von Flußmitteln zur Auflösung des Oxyds und zur

Verhinderung der Oxyd-Neubildung beim Schweißen ist daher nötig. Die sehr hygroskopischen Schweißpulver dürfen erst kurz vor dem Gebrauch zu einem Brei angerührt werden, mit dem der Zusatzdraht und die metallisch reine Schweißstelle beiderseits zu bestreichen ist. Zurückbleibende Flußmittelreste führen zu Zersetzungen des Werkstoffes, daher gründliche Reinigung der Schweißzone und sorgfältige Beachtung der mitgelieferten Gebrauchsanweisungen! Der Aluminiumschweißer arbeitet zur Vermeidung von Oxydbildungen mit „verschleierter“ Flamme (leichter Gasüberschuß) und einem eine Nummer kleineren Schweißeinsatz als der Blechstärke für Stahlschweißung entspräche. Der Zusatzdraht ist Reinaluminium oder aus Blechstreifen des Grundwerkstoffes zugeschnitten. Da das Auge den Schmelzfluß nicht oder nur schwer verfolgen kann, muß die Hand beim Rühren des Zusatzdrahtes in der Schweiße den richtigen Fluß des Schmelzbades erfühlen. Zur Vergütung (Gefügeverfeinerung) Abhämmern der Naht bei 150 bis 200° C.

Bei den Aluminiumknet-Legierungen ergeben Zusätze von Magnesium, Kupfer, Mangan, Silizium u. a. eine Verbesserung der mechanischen Eigenschaften, so erreicht z. B. „Bondur“ 42—58 kg/mm² Zugfestigkeit im Vergleich zu walzhartem Reinaluminium mit 18—28 kg/mm². Verwendung für Schmiede- und Preßteile, Stangen und Bleche. Schweißung mit für die Legierung geeigneten Flußmitteln und passendem Zusatzwerkstoff. Nacharbeiten wie oben und anschließendes Abschrecken, u. U. nach besonderer Vorschrift des Lieferers über Nachbehandlung der Legierung auch Anlassen.

Gußlegierungen müssen warm geschweißt werden. Sorgfältige Vorwärmung auf 250—300° C in Glühöfen, deren z. T. herunterklappbare Wände das Schweißen der Formstücke im Ofen gestatten, ist zum Ausgleich von Schweißspannungen und zur Verhütung von Spannungsrissen erforderlich. Zusatzdrähte und Flußmittel wie vorstehend; erhitzte Werkstücke vor Zugluft schützen und nach der Schweißung im Ofen langsam erkalten lassen.

Kunststoffschweißung.

Thermoplastische Kunststoffe auf der Grundlage der Polyvinylchloride und Mischpolymerisate, wie z. B. Igelit, Vinidur, Mipolam, Plexiglas u. a., gehen bei Erwärmung auf 180° C in einen teigigen Zustand über, der eine Verbindung von Grundwerkstoff und Zusatzstab durch Zusammenkneten unter Wärmezufuhr ermöglicht. Eine eigentliche Schmelz- oder Preßschweißung liegt dabei nicht vor. Zu niedrige Temperatur ergibt Bindefehler, zu hohe Zersetzungen der Werkstoffe mit Farbänderungen und Bläschenbildung. Die günstigste Verbindungstemperatur liegt bei 200° C. Offene Flammen sind zu heiß, daher ist die Wärmequelle hier ein auf 230—280° C erhitzter Preßluftstrom von 900—1500 l/h. Vgl. S. 77: Kunststoff-Schweißbrenner. Nahtvorbereitung wie bei Stahl; Zusatzdraht gleich dem Grundwerkstoff oder Streifen von diesem; nur Rechtsschweißung! Die richtige Arbeitswärme und Weichheit des Werkstoffs soll der Schweißer beim senkrechten Aufsetzen des Zusatzdrahtes fühlen können, was nur durch lange Übung erreicht wird.

Die Kunststoffe und die Kunststoffschweißung finden wegen des hohen Korrosionswiderstandes dieser Werkstoffe gegenüber chemischen Einflüssen im Apparatebau und dgl. steigende Verwendung.

Autogene Oberflächenhärtung.

Ihr Zweck ist, den im Betrieb entstehenden Verschleißverlust, jährlich viele Millionen D-Mark, zu verhüten. Sie setzt einen härtbaren Stahl (0,35—0,60% Kohlenstoffgehalt) oder einen legierten Stahl voraus und härtet im Abschreckverfahren die Oberfläche in einer Tiefe von 0,5—3 mm, in Sonderfällen auch tiefer, bei Rädern, Zahnflanken, Achsen, Wellen, Zapfen, Gleitbahnen, Kolbenstangen, Bolzenköpfen usw., während der Werkstoffkern weich und elastisch bleibt.

Die Autogen-Härtung wird meist mit Ein- oder Mehrzweck-Härtemaschinen mit Loch- und Schlitzbrennern ausgeführt, die zweckbestimmt als Ring-, Segment-, Lagerstellen-, Profil- u. a. Härtebrenner meist für Azetylen oder Leuchtgas als Brenngase gebaut sind (Bild 65).

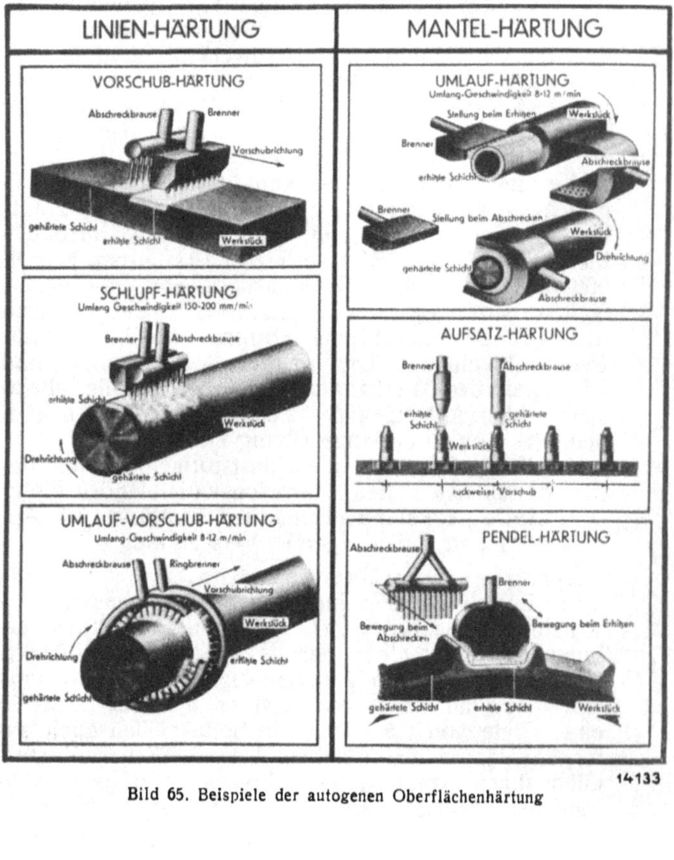

Bild 65. Beispiele der autogenen Oberflächenhärtung

Entweder erhitzt man die gesamte zu härtende Oberfläche zusammenhängend und schreckt sie sofort anschließend insgesamt ab (Mantelhärtung) oder man erhitzt die Oberfläche in schmalen Streifen (Linien) langsam fortschreitend und schreckt sie unmittelbar nachfolgend durch eine gleich schnell wie der Brenner wandernde Brause ab (Linienhärtung). Die dem Zweck und der Werkstofform angepaßten Härtebrenner erwärmen die Oberflächen stark und schnell, damit die Wärme nicht in den Kern abwandern kann. Die Abkühlung erfolgt durch scharfen Wasserstrahl, der zur Vermeidung des Abperlens des Wassers oder der Bildung einer isolierenden Dampfschicht (Leidenfrostsches Phänomen) unter 4—8 atü Druck steht. Wassertemperaturen unter 15° C können bei höher legierten Stählen Risse verursachen.

Autogenes Löten.

Der Lötausschuß der Deutschen Gesellschaft für Metallkunde versteht unter Löten „das Verbinden oder Ergänzen erhitzter, in festem Zustand bleibender Metalle und Legierungen durch schmelzende metallische Bindemittel (Lote)". Autogenes Löten nennt man das Hartlöten nach Art der Gasschmelzschweißung. Hartlote sind aus Messing, Bronze, Neusilberlegierungen und sog. Silberlot; Schmelzpunkte 720—900° C. Die Flußmittel sind Zinkchlorid, Ammoniumchlorid, sowie Harze, Kolophonium und ihre Mischungen u. a.; sie sollen die Lötstelle von Oxyd reinigen und weitere Oxydation verhindern.

Zum Hartlöten werden Löteinsätze zu den Schweißbrennern oder Einzel-Lötbrenner geliefert (Bild 43d und e).

Anwendung zu Reparaturen von Gußeisenteilen, z. B. Zahnrädern, Zylindern, Motoren- und Pumpengehäusen, bei denen die Gefahr von Spannungsrissen nach Erwärmung auf Schweißtemperatur besteht (siehe auch „Schweißung von Temperguß").

2. Brennschneiden

Das Wesen des Brennschneidens ist in Abschn. X, 1, S. 87 behandelt. Die Schneidbrennerflamme hat die Anschnittstelle nur auf die Entzündungstemperatur zu erhitzen, nicht aber zu schmelzen. Ausgangspunkt des Schnittes soll möglichst eine Kante sein; bei Schnittbeginn in der Fläche, z. B. bei Kreisschnitten, wird zweckmäßig ein Loch gebohrt, von dessen Kante der Schnitt ausgeht. Die Heizflamme wärmt die Kante vor, bei Eintreten der Weißglut wird der Schneidsauerstoff angestellt. Größe der Schneiddüse und ihr Abstand vom Blech (etwa 3—10 mm) richtet sich nach der Blechstärke. Erst wenn der Sauerstoffstrahl die gesamte Blechdicke durchschlagen hat, darf der Brenner weitergeführt werden. Nur gleichmäßiger Vorschub ergibt saubere Schnittflächen. Zu große Heizflammen beschleunigen den Schneidvorgang nicht, ergeben aber unsaubere und angeschmolzene Schnittkanten. Schädlich ist auch zu hoher Sauerstoffdruck. Gasmengen, Druck und Schnittgeschwindigkeit müssen sich nach den Düsengrößen und den Bedienungstabellen der Herstellerfirmen richten. Vgl. hierzu den Abschnitt „Schneidbrenner".

Zum Gußeisenschneiden werden Schneidbrenner mit sehr großen Heizflammen verwendet. Einstellung mit Azetylenüberschuß. Verbrennen erfolgt durch Überhitzen des geschmolzenen Gußeisens auf Zündtemperatur und Aufblasen von Sauerstoff. Schnittkanten unsauber und nicht parallel, Fugen unten enger als oben und erheblich breiter als bei Stahl. Hoher Gasverbrauch, kleine Schnittgeschwindigkeit. Für Fertigungsarbeiten technisch und wirtschaftlich nicht zu brauchen, Verwendung daher nur zur Verschrottung schwerer und sperriger Werkstücke, bei denen Fallwerkzeuge versagen oder zu teuer sind.

Unterwasserschneiden.

Verfahren seit 1908 eingeführt, bis 60 m Wassertiefe noch ohne Störung anwendbar. Werkstoffdicken bis

200 mm können rasch und wirtschaftlich getrennt werden. Wesentlich ist hier die Durchschlagskraft der Brenner, nicht die Sauberkeit der Schnitte und der sparsame Gasverbrauch. Brennstoffe der Heizflamme sind Azetylen, Wasserstoff und bei neueren Konstruktionen Benzin und Benzol. Die Heizflammen müssen den vollen Sauerstoffbedarf zugeführt erhalten, da im Wasser der Luftsauerstoff fehlt. Die Gasdrücke für die verschiedenen Wassertiefen sind durch Versuche festgelegt worden. Die älteren U-W-Brenner arbeiten mit gasförmigen Brennstoffen und einem Preßluftmantel um Heizflamme und Schneidsauerstoffstrahl zum Abdrängen des Wassers. Neuzeitliche Bauarten verwenden nur flüssige Brennstoffe ohne Schutzmantel um die Flamme. Eine Unterwasser-Schneidanlage besteht aus der Sauerstoff-Flaschenbatterie, dem Anwärmkasten für die Sauerstoffleitung, dem Zentraldruckregler, ferner aus der Stickstoffflasche (150 atü) mit Druckminderer, dem Benzinbehälter, den Zuleitungen für Brennstoff und Sauerstoff zum Brenner und dem eigentlichen Unterwasser-Schneidbrenner, der 3 Absperrventile für Heizsauerstoff, Schneidsauerstoff und Brenngas hat. Der Sauerstoff strömt aus der Flaschenbatterie durch den Anwärmkasten, der die Einfriergefahr für den Druckminderer bei starker Gasentnahme behebt, und den zweistufigen Druckminderer in den U-W-Schneidbrenner, wo er in Heiz- und Schneidsauerstoff aufgeteilt wird. Das Benzin wird durch Stickstoffdruck von 9 atü in den Brenner gedrückt. Anzünden der Brenner früher an der Luft, wegen mancher Unzuträglichkeiten und Mängel aber jetzt unter Wasser an der Arbeitsstelle mit elektrischem Zündapparat. Je nach Geschicklichkeit des Tauchers kann seine Schneidleistung unter Wasser 40—80% seiner sonstigen Leistung bei 4—6fachem Gasverbrauch sein.

Zur Beseitigung von Oberflächenfehlern, wie Rissen, Einschlüssen, Überwalzungen usw. bei Stahlblöcken und Brammen, sowie zum Schälen von Rundkörpern wird der Sauerstoffhobler, Bild 66, verwendet, ein Sonderschneidbrenner, der keinen harten und scharfen, sondern einen weichen und breiten Sauerstoffstrahl gibt. Der Brenner erzeugt breite, flache Rillen (20 bis 30 mm), die mehr oder weniger große Schräghaltung bestimmt die Rillentiefe (1—15 mm). Der Sauerstoffstrahl wird so gerichtet, daß er die Schlacke im Abstand von 4 cm vor sich herbläst. Die Schlackenführung soll den wegzunehmenden Werkstoff vorwärmen. Zum Abhobeln von Flächen wird Rille neben Rille ge-

Bild 66. „Griesheim"-Sauerstoffhobler

legt. Die mühsame Meißelarbeit kostet 30—50% mehr als das Sauerstoffhobeln, dessen Zeitbedarf nur einen Bruchteil der Meißelzeit ausmacht. Sauerstoffverbrauch etwa 1 Liter für 1 cm³ abgehobelte Werkstoffmenge bei gewöhnlichen Stählen, bei höher legierten Stählen etwa 1,5—2 Liter je cm³.

Der Fugenhobler ist dem Sauerstoffhobler ähnlich, er erzeugt aber schmalere und tiefere Rillen und dient z. B. zum wurzelseitigen Auskreuzen von Schweißnähten bei Wurzelfehlern, zum Entfernen von Kehlnähten und fehlerhaften Schweißungen, zum Abtrennen von aufgeschweißten Werkstücken usw. Nach Aufschmelzen des Werkstoffs bläst der Fugenhobler die flüssige Schlacke in 1—2 cm Abstand vor dem Mundstück her, Bild 67. Die Druckeinstellung regelt sich nach der Blechstärke. Die Kosten des Fugenhobels beim Ausarbeiten von 1 m Nahtwurzel-Länge im Gegensatz zu anderen Methoden wurden durch Versuch wie folgt festgestellt: Meißeln mit Lufthammer 1,45, Schleifen 1,89, Fräsen 0,74, Fugenhobeln 0,30 DM.

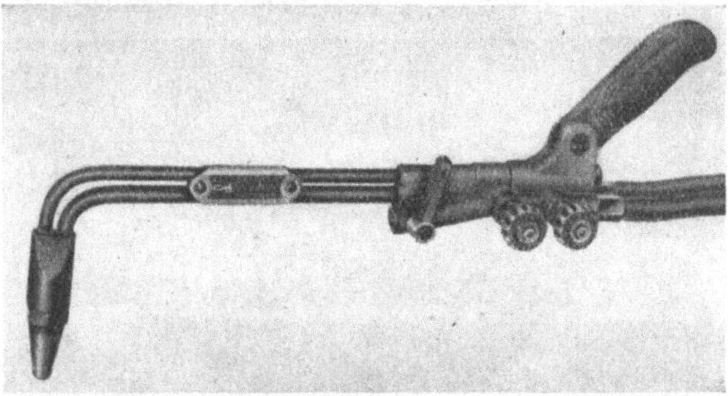

Bild 67. „Griesheim"-Fugenhobler, gebogene Bauart

Mit den 3 auswechselbaren Mundstücken können Rillen von 6—18 mm Breite und 3—12 mm Tiefe gehobelt werden, Bild 68.

Durch das Pulverschneidverfahren, eine amerikanische Erfindung, ist das Anwendungsgebiet des Brennschneidens auch auf die nichtrostenden und sonstigen hochlegierten Stähle, die der Oxydation Widerstand leisteten, erweitert worden. Mit dem Schneidsauerstoffstrahl wird ein feinkörniges, eisenreiches und nicht hygroskopisches Pulver auf die Schneidlinie geblasen, durch dessen Verbrennung zusätzliche Wärme entwickelt wird. Dadurch und durch das flußmittelartig wirkende Pulver werden die den Schneidvorgang behindernden und schwer schmelzbaren Chromoxyde entfernt. Das Verfahren wird mit einem um eine Nummer größeren Schneideinsatz durchgeführt und ergibt eine etwas breitere Schnittfuge. Es können sowohl große Werkstoffdicken (bis zu 650 mm) als auch dünne

Bleche geschnitten werden. Auch bei Gußeisen und gewissen Nichteisenmetallen ist das neue Verfahren anwendbar; es befindet sich in weiterem Ausbau.

Abschließend möge noch ein völlig neues und bisher fernliegendes Gebiet des Brennschneidens erwähnt

a

b

Bild 68. Gehobelte Fuge
a) frei von Fehlstellen, b) freigelegte Fehlstellen in der Schweißnaht

sein, das Bohren von Beton, Granit, Sandstein und anderen Mineralien mit der sog. „Sauerstofflanze“, einem denkbar einfachen Gerät. Ein dickwandiges Stahlrohr, dessen lichter Querschnitt durch eingeschobene Stahldrähte in Kanäle aufgeteilt ist, wird an der Spitze mit Schweißbrenner auf Rotglut erwärmt, und dann sofort Hochdruck-Sauerstoff durchgeblasen, der die Lanze verbrennt. Durch Andrücken der Lanzenspitze gegen die Beton- oder Gesteinswand frißt sich die Lanze in das Gestein und ergibt Bohrlöcher, deren Durchmesser und Länge von ihren Abmessungen abhängen. Unter Einwirkung hoher Temperaturen mit Eisenoxyd bilden die meisten Gesteine dünnflüssige, nach Erkalten sehr spröde Silikatschlacken. Der Sauerstoffdruck bläst die leichtflüssige Schlacke aus dem Bohrloch. Bohrgeschwindigkeit 300—400 mm/min, Sauerstoffverbrauch etwa 40 l je Meter Bohrtiefe, Lanzenabbrand 4—4,5-fache Lochtiefe. Auch hier ist die Entwicklung noch im Fluß.

XII. Arbeitsschutzgeräte

Gegen die Wärmestrahlung größerer Werkstücke und gegen Spritzer bieten Asbesthandschuhe, -schürzen, -Anzüge und Lederschürzen Schutz. Ein aus flammensicher imprägniertem Stoff hergestellter Schutzanzug für Schweißer ist genormt. Unzweckmäßig sind die immer wieder anzutreffenden Schlosseranzüge aus losem Gewebe, das nicht nur durch Spritzer leicht entzündbar ist, sondern auch durch schnelles Aufsaugen gelegentlich entweichenden Sauerstoffs zu einer Gefahrenquelle wird.

Gegen Spritzer, sowie gegen die unsichtbaren, chemisch wirkenden ultravioletten Strahlen, die sichtbaren blendenden Strahlen und die unsichtbaren infraroten Wärmestrahlen schützen die Schweißer-Schutzbrillen verschiedener Ausführung, deren genormte Gläser in mehreren Helligkeitsgraden die Strahlungsschutzwirkung ergeben. Das Auge ungeschützt der Strahlenwirkung auszusetzen, ist sträflicher Leichtsinn.

Gegen die giftigen Gase, die in Form von Kohlenoxyd, Stickstoff- und Metalldämpfen beim Schweißen entstehen, schützt vor allem die vorgeschriebene ausreichende Belüftung des Arbeitsraumes, gegebenenfalls durch Preßluftzufuhr. Darüber hinaus sind Absaugevorrichtungen an den Arbeitsplätzen vorzusehen und Atemschutzgeräte (z. B. Halbmasken mit Staubfilter) und Frischluftgeräte mit an die Außenluft führenden Schläuchen zu verwenden.

XIII. Güteprüfung der Nähte

Die Schweißverbindung (Naht) soll dem Grundwerkstoff möglichst gleichende Eigenschaften haben, wie Festigkeit, Warm- und Kaltverformungsfähigkeit, Korrosionswiderstand, Gefügebild usw. Die Güteprüfung der Nähte, die bei Schweißkonstruktionen, für deren einwandfreie Ausführung ein öffentliches Interesse vorliegt, behördlich vorgeschrieben ist, kann in zerstörenden und zerstörungsfreien Verfahren durchgeführt werden. Ein Prüfverfahren, das Fehler jeglicher Art und Ursachen aufzeigen kann, gibt es noch nicht.

Abgesehen vom Aussehen der Naht, das dem Fachmann u. U. schon wichtige Fingerzeige zu geben vermag, können die mechanischen Eigenschaften nicht am fertigen Bauteil festgestellt werden. Es werden vielmehr an Probestäben genormter Abmessung Zerreiß-, Biege-, Falt-, Kerbschlagversuche und Härteprüfungen, z. B. nach dem Brinell-(Kugeldruck-) Verfahren, gemacht, deren Ergebnisse mit den analogen Werten des Grundwerkstoffes verglichen werden können.

Die innere Beschaffenheit der Naht und der Übergangszone zeigt nur eine Gefügeuntersuchung an geschliffenen und geätzten Schnittflächen von Proben unter dem Mikroskop. Dabei werden der Aufbau des Gefüges bzw. seine fehlerhaften Veränderungen sichtbar.

Alle diese Versuche werden an Probestäben gemacht, die dabei zerstört werden. Am fertigen Bauteil dagegen kann nur ein zerstörungsfreies Verfahren die Güte der Schweißnaht feststellen.

Sehr einfach ist die sog. Petroleumprobe. Man bestreicht das Werkstück mit Petroleum, das in die Poren und Risse der Oberfläche eindringt, wischt es nach kurzer Zeit ab und trägt eine Kreidelösung auf. Nach Verdunsten der Lösungsflüssigkeit zeigen sich auf der weißen Oberfläche die etwa vorhandenen Risse als dunkle Stellen und Linien. Die Kreide hat das Petroleum aus den Rissen herausgesaugt und macht sie durch dunkle Färbung sichtbar.

Die magnetischen Prüfverfahren arbeiten mit magnetischen Feldern, erzeugt durch Dauermagneten, Elektromagneten oder Wechselstromdurchfluß, die auf die Oberfläche gestreute Eisenfeilspäne oder aufgestrichenes Metallöl (in Öl aufgeschlämmtes Eisenpulver) einwirken. Die Eisenspäne zeigen den gleichmäßigen Kraftlinienfluß im gesunden Werkstoff, bei Unterbrechungen des Gefüges durch Risse, Blasen, Schlackeneinschlüsse weichen die Kraftlinien in den gesunden Werkstoff hinein aus und stauen sich um die Fehlerstellen herum. Dieses „Streufeld“ zeigt die Störungen des Gefüges an, wird aber schwächer, je tiefer die Fehlerstelle liegt.

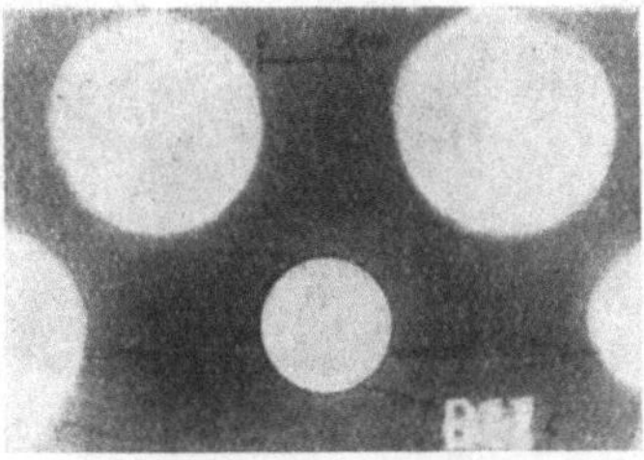

Bild 69. Nietlochrisse

Ortsfeste Geräte für die Prüfung kleiner Teile sind seit längerer Zeit im Gebrauch, für die Prüfungen an Ort und Stelle wurden tragbare Geräte entwickelt.

Die Röntgenuntersuchung ist z. Zt. das beste, aber auch das teuerste Verfahren, das allerdings für die Fehlererkennbarkeit auch seine Grenzen hat. Der Röntgenfilm zeigt die stärker durchstrahlten Fehlerstellen als dunkle Linien oder Flecken und läßt eine Untersuchung des Grobgefüges auf seine Gleichmäßigkeit zu. In letzter Zeit wurden große transportable Anlagen zur Röntgenuntersuchung an abnahmepflichtigen Konstruktionen, wie Eisenbahnfahrzeugen und -brücken, Kesseln und Behältern und ähnlichen Bauteilen, ausgeführt. Bild 69 zeigt Nietlochrisse unter der Oberfläche,

Bild 70 Wurzelfehler und Einbrandkerben als dunkle Stellen im Film-Negativ.

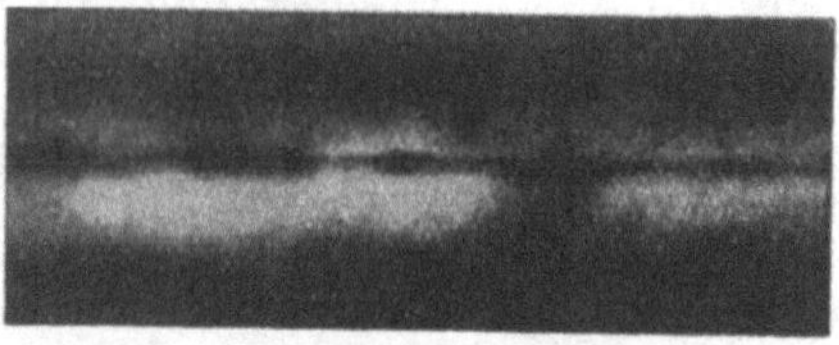

Bild 70. Wurzelfehler

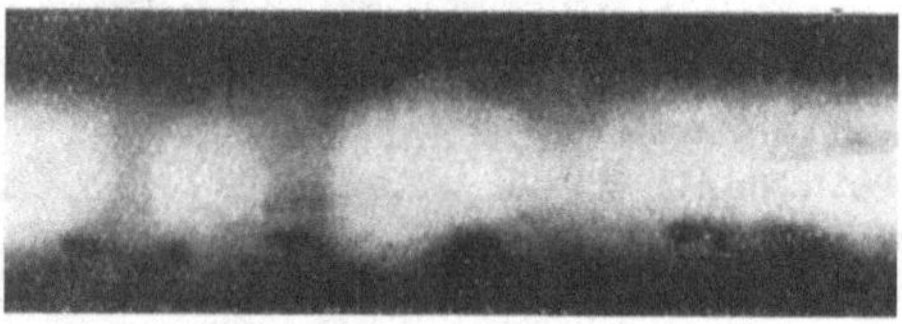

Einbrandkerben

XIV. Ausbildung und Prüfung von Schweißern

In Zusammenarbeit der zuständigen amtlichen Stellen mit den Industrie- und Fachverbänden sind folgende Ausbildungsmöglichkeiten nach dem jeweiligen Bedürfnis geschaffen worden.

1. Die Industrie bildet
   a) in 3-jähriger Lehrzeit den „Schmelzschweißer" für Gas- und Elektroschweißung aus mit Abschlußprüfung als „Facharbeiter",
   b) in je $1^1/_2$-jähriger Anlernzeit den „Gasschweißer" bzw. den „Lichtbogenschweißer" mit Abschlußprüfung als „angelernter Arbeiter".
2. Das Handwerk bildet seinen Nachwuchs in der Lehrwerkstatt und meist zusätzlich in einem Grundlehrgang einer Kursstätte oder Lehranstalt des Deutschen Verbandes für Schweißtechnik aus. Prüfung der Schweißfertigkeit im Rahmen der Gesellenprüfungen.

Neuerdings kann die Meisterprüfung im „Schweißerhandwerk“ abgelegt werden. Der Schweißermeister ist zur Anleitung von Lehrlingen berechtigt.

3. In den Lehrgängen des Deutschen Verbandes für Schweißtechnik, Düsseldorf-Oberkassel, werden an den Schweißtechnischen Lehr- und Versuchsanstalten in Hamburg, Hannover, Duisburg und Stuttgart Hilfsschweißer und angelernte Schweißer kurzfristig ausgebildet. An diesen Anstalten können auch strebsame Praktiker die „Lehrschweißerprüfung“ und die „Zulassungsprüfungen“ zur Vornahme von abnahmepflichtigen Schweißarbeiten für die verschiedenen Fachgebiete, wie Stahlbau, Eisenbahnfahrzeuge u. a. ablegen. Ferner übernehmen die Lehranstalten die Ausbildung und Prüfung von Schweiß-Fachingenieuren. Einzelheiten wolle man bei dem obengenannten Verband, Düsseldorf-Oberkassel, erfragen.

XV. Schweißwerkstoffverbrauch

Jeder Betrieb ist bestrebt, seinen Aufwand an Schweißwerkstoffen, wie Sauerstoff, Azetylen und Zusatzdrähten, möglichst niedrig zu halten. Auch durch das Weglegen der Schweißbrenner mit brennender Flamme, vgl. S. 73, entstehen jährlich erhebliche Kosten, die jedoch durch Benutzung von Gasspargeräten gesenkt werden können. Bild 71 zeigt den Gasspar-Automaten des Autogenwerks Zinser, Ebersbach-Fils (Württ.), der bei Ein-

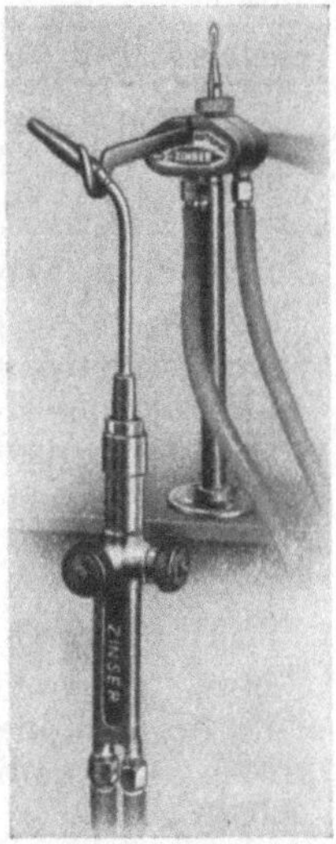

Bild 71. Gasspar-Automat, Bauart Zinser

hängen des Brenners in die für alle Brennergrößen passende Klinke die Zufuhr von Sauerstoff und Azetylen unterbricht. Bei Fortsetzung der Arbeit wird der Brenner an der Zündflamme wieder entzündet, eine neue Einregulierung ist nicht nötig. Versuchsreihen haben Gasersparnisse von 20 bis 60% ergeben, so daß praktisch mit dem Mittelwert von 1/3 Sauerstoff- und Azetylen-Einsparung zu rechnen ist, die das Gerät schnell bezahlt macht.

Sauerstoffverbrauch.

Der Sauerstoffverbrauch moderner (Konstantdruck-) Brenner soll etwa 100—110 l/h und mm Blechstärke betragen, also für Einsatz 4—6 mm rd. $5 \times 110 = 550$ l/h. Für die mittleren Schweißbereiche der gebräuchlichen Einsätze ist danach der Sauerstoffbedarf anzusetzen:

Einsatz	0,3/0,5	0,5/1	1/2	2/4	4/6	6/9	9/14	14/20	20/30	mm
Sauerstoff-verbrauch	45	80	165	330	550	850	1300	1900	2750	Liter je Stunde ± 5%

Azetylenverbrauch.

Der Azetylenverbrauch liegt etwa bei 90—95% des Sauerstoffverbrauches. Die Praxis rechnet bei neutraler Flammeneinstellung mit einem Mischungsverhältnis von 1 : 1, also mit gleicher Sauerstoff- und Azetylenmenge, und zwar je mm Blechstärke mit je 100 l/h Sauerstoff- und Azetylenverbrauch. Sie kommt dabei den wirklichen Verhältnissen hinreichend nahe.

Schweißdrahtverbrauch.

Abhängig vom Abschrägungswinkel der Schweißnaht, bei V-Stößen 50—70°, bei X-Stößen 60—80° und größer. Der erforderliche Zusatzwerkstoff berechnet sich zu

$$D = 9 \times s^2 \times l \text{ in g/m},$$

wobei D der Drahtverbrauch in Gramm je Meter, 9

eine Kennziffer zur Berücksichtigung des mittleren Abschrägungswinkels, s die Blechstärke in Millimetern und l die Nahtlänge in Metern ist.

Beispiel: V-Naht, Länge 1,5 m, Blechstärke 6 mm; Drahtverbrauch $D = 9 \times 6 \times 6 \times 1{,}5 = \mathbf{486\ g/m}$.

Bei X-Nähten beträgt der Drahtbedarf etwa die Hälfte des wie vorstehend ermittelten Bedarfs für V-Nähte.

Schweißzeiten (Erfahrungswerte).

a) Nachlinksschweißung.

Blechstärke	0.5	1	1,5	2	3	mm
Schweißzeit für 1 m Nahtlänge	5	6	7	8,5	11	min/m

b) Nachrechtsschweißung.

Blechstärke	3	4	5	8	10	15	20	25	30	mm
Schweißzeit für 1 m Nahtlänge	10	13	15	22	27	40	50	60	75	min/m

Schweißen von Kunststoffen.

Preßluftverbrauch	etwa	900	bis	1500	Liter je Stunde
Azetylenverbrauch	„	20	„	40	„ „ „
Schweißzeit	„	15	„	30	Minuten für 1 m Nahtlänge.

Brennschneiden

Schnittzeit und Gasverbrauch betragen annähernd

Schnittstärke	3	5	10	20	50	100	200	300	mm
Schnittzeit je m	2	2,5	3	4	6	8	10	12	min/m
Sauerstoffverbrauch	13	17	20	50	100	190	400	600	Liter/min
Azetylenverbrauch	7	9	10	12	18	23	30	36	Liter/min

Sauerstoffhobeln.

Die Hobelgeschwindigkeit beträgt etwa 2—5 m/min. Dies entspricht einer Arbeitszeit je m^2 geputzter Fläche von etwa 12—30 Minuten. Bei einem Sauerstoffdruck zwischen 1 und 12 atü beträgt der Sauerstoffverbrauch etwa 25—50 m^3/h, der Azetylenverbrauch 1,2 m^3/h.

Fugenhobeln.

Reine Arbeitszeit (ohne Anwärmen, Putzen, Nacharbeiten usw.) rd. 1,2 min/m, unter Berücksichtigung der genannten Nebenzeiten 3,5 min/m. Bei 4—7 atü Sauerstoffdruck ist der Sauerstoffverbrauch je nach Düsengröße 3,5—17,5 m^3/h, der Azetylenverbrauch 1,3 bis 2,2 m^3/h.

Unterwasserschneiden.

Die Schnittzeit beträgt etwa:

Schnittstärke	10	20	30	50	80	100	mm
Schnittzeit je m	2,5	5	7	11	18	22	min/m

Da alle Werkstoffstärken etwa mit der gleichen Brennereinstellung geschnitten werden, ist der stündliche Gasverbrauch konstant. Er beträgt annähernd:

Sauerstoff 30—35 m^3/h,
Benzin 20—40 Liter/h.

Bezogen auf 1 m Schnittlänge beträgt danach der Gasverbrauch etwa:

bei 10 mm Schnittstärke 1,2 m^3 Sauerstoff je Meter
und 0,8 l Benzin je Meter,
bei 100 mm Schnittstärke 12 m^3 Sauerstoff je Meter
und 10—15 l Benzin je Meter.

XVI. Unfallverhütungsvorschriften

im Auszuge aus der Ausgabe 1946 der Nordwestlichen Eisen- und Stahlberufsgenossenschaft. Die in Klammern angegebenen Paragraphen beziehen sich auf die Azetylenverordnung, die in Klammern angegebenen Ziffern auf die Technischen Grundsätze zur Azetylenverordnung 1923.

Azetylengasanlagen

§ 1. (1) Beim Auseinandernehmen von Azetylenapparaten ist zur Verhütung von Funkenbildung durch Reibung oder Stoß mit besonderer Vorsicht zu verfahren; dabei soll man sich nicht über die Gasglocke beugen.

(2) Wenn bei Ausbesserungsarbeiten von Azetylenapparaten oder Teilen die Verwendung von Flammen oder Feuer nicht zu vermeiden ist oder durch Schläge auf Metall Funken entstehen können, sind die Apparate auseinanderzunehmen oder die Teile auszubauen. Apparate und Teile sind vor der Ausbesserung gründlich zu reinigen, von Karbidresten und Schlamm sorgfältig zu befreien, gründlich auszuspülen und völlig mit Wasser, Dampf, Stickstoff oder Kohlensäure anzufüllen.

§ 2. (1) In den Azetylenentwicklern muß stets genügend Wasser zur Entwicklung und Kühlung des Gases vorhanden sein.

(2) Das Belasten der Gasglocke von Entwicklern durch Auflegen von Gewichten oder dgl. ist verboten.

(3) Flammenstellen (Probierflamme oder Zündflamme zum Schweißen) dürfen nicht unmittelbar am Azetylenapparat angebracht werden.

§ 3. Wasservorlagen und Wasserverschlüsse müssen stets frei von Verunreinigungen und sorgfältig gefüllt gehalten werden. Die Wasservorlage darf nur in drucklosem Zustand gefüllt und nachgeprüft werden.

§ 4. Apparate und Leitungen dürfen nicht mit offener Flamme abgeleuchtet werden. Undichte Stellen sind durch Abseifen oder Abriechen zu ermitteln.

§ 5. (1) Eingefrorene Apparate oder Wasserverschlüsse dürfen nicht mit Feuer oder glühendem Eisen, sondern nur mit heißem Wasser oder Dampf und in genügender Entfernung von Feuerstellen aufgetaut werden.

(2) Schlammgruben sind bei Tageslicht und möglichst nicht bei Frost zu entleeren.

§ 6. In Arbeitsräumen mit freizügigen Entwicklern darf Karbid nur bis zu einem Tagesbedarf aufbewahrt werden; auch darf nur ein Gefäß geöffnet sein.

Auszug aus der Azetylenverordnung v. 1923

(Polizeiverordnung über die Herstellung, Aufbewahrung und Verwendung von Azetylen, sowie über die Lagerung von Kalziumkarbid und dazugehörige technische Grundsätze für den Bau und die Aufstellung von Azetylenanlagen.)

1. Für die Herstellung von Azetylen und für die Lagerung von Karbid besteht eine Anzeigepflicht (§§ 1 und 2). Die Bauart der Azetylenentwickler wird auf Grund besonderer Prüfung zugelassen (§ 4). Nach erfolgter Anzeige hat die zuständige Polizeibehörde eine Prüfung der Anlage durch Sachverständige zu veranlassen. Freizügige Entwickler bleiben von der Prüfung befreit (§ 21).

Aufstellung von Azetylenanlagen.

2. Azetylenentwickler nebst Zubehör müssen, soweit nicht etwas anderes bestimmt ist, frostsicher in Räumen mit dichten, feuersicheren Wänden und leichter Bedachung, die ausschließlich dem Betriebe der Apparate dienen (Entwicklerräume), aufgestellt werden (§ 6).

3. Die Entwickler mit Zubehör müssen leicht zugänglich sein (Ziff. 28). Entwicklerräume sollen genügendes Tageslicht haben, um in ihnen bei Tage alle erforderlichen Arbeiten zur Instandsetzung der Apparate und Leitungen ohne künstliche Beleuchtung vornehmen zu können.

4. Entwicklerräume müssen mit guten Lüftungsvorrichtungen in der Decke versehen werden (Ziff. 31).

5—8 pp.

9. Arbeitsräume, in denen freizügige Entwickler aufgestellt werden, müssen mit guten Lüftungseinrichtungen versehen sein und für jeden Entwickler mindestens 60 cbm Luftraum und 20 qm Grundfläche haben.

Die Entwickler müssen von offenem Licht und von Feuerstellen mindestens 3 m, von anderen Entwicklern mindestens 6 m Abstand haben (Ziff. 38, 39).

10. Das Rauchen oder der Verkehr mit glühenden oder brennenden Gegenständen in den besonderen Entwicklerräumen und Karbidlagern und deren Nähe sowie an den mit Warnungstafeln bezeichneten Stellen, ferner in der Nähe von Karbidkalk-Schlammgruben und von Azetylengasbehältern ist verboten (§ 8).

11. Jede Azetylenanlage, die in einem besonderen Entwicklerraum aufgestellt ist, ist so einzurichten, daß bei der ersten Inbetriebnahme und nach Bedarf auch während des Betriebs die Ableitung des Gasluftgemisches ins Freie erfolgen kann.

12. Bei feststehenden Entwicklern, die nicht als freizügige Entwickler zugelassen sind (vgl. § 4 Abs. 1 Ziff. 1), muß der Gasbehälter mit einem Abzugsrohr (Sicherheitsrohr) versehen sein, welches das Gas ins Freie ableitet, sobald der Gasbehälter nicht mehr aufnahmefähig ist. Vorrichtungen zur Absperrung des Abzugrohres dürfen nicht angebracht werden. Die Weite des Rohres muß mindestens der Weite der Gaszuführungsleitung entsprechen (Ziff. 18).

13. Rohrleitungen müssen aus Eisen oder Messing bestehen, sie müssen mit genügendem Gefälle angelegt werden und an den tiefsten Punkten zugängliche Wasserablässe haben (Ziff. 41).

Bedienung.

14. Die Überwachung und selbständige Bedienung der Azetylenanlagen darf nur durch zuverlässige, mit

der Errichtung und dem Betrieb sowie der Anweisung über die Behandlung der Apparate vertraute, mindestens 16 Jahre alte Personen erfolgen (§ 9).

Reiniger.

15. Das Gas muß für den Gebrauchszweck genügend trocken, rein und frei von mechanischen Beimengungen sein (Ziff. 21).

Die Reinigungsmasse darf mit Azetylen keine explosiblen Verbindungen bilden und keine Stoffe enthalten, welche mit dem Azetylen entweichen und die Metalle der Anlage oder der Leitungen angreifen.

Sicherheitsvorlagen.

16. Azetylenanlagen zu technischen Zwecken müssen vor jeder Gebrauchsstelle mit einer zuverlässigen, für den Gasdruck des Entwicklers vom Deutschen Azetylenausschuß zugelassenen Wasservorlage oder einer ihr nachweislich gleichwertigen zugelassenen Einrichtung versehen sein. Diese muß das Zurücktreten von Sauerstoff oder Luft in den Entwickler oder Gasbehälter wirksam verhindern und einen Flammenrückschlag unschädlich machen.

Entwickler über 10 kg Karbidfüllung müssen außerdem bei Anschluß mehrerer Gebrauchsstellen eine ebenso wirksame zugelassene Hauptsicherheitsvorlage erhalten (Ziff. 23).

Kalkschlammgruben.

18. Kalkschlammgruben müssen so angelegt sein, daß entweichendes Azetylen nicht in überdachte Räume einströmen kann (§ 7).

Das Rauchen und der Verkehr mit glühenden oder brennenden Gegenständen in der Nähe der Gruben ist verboten, worauf durch eine Warnungstafel hinzuweisen ist (§ 8).

Karbidlagerung.

19. Karbid darf nur in trocknen, wasserdicht verschlossenen Gefäßen gelagert werden. Die Gefäße

müssen gegen Zutritt von Feuchtigkeit geschützt sein; sie müssen die Aufschrift tragen: „Karbid! Vor Nässe zu schützen!“

Die Anwendung von Entlötungsgeräten oder von funkenreißenden Werkzeugen zum Öffnen der Gefäße ist verboten.

Im allgemeinen darf in jedem Lagerraum nur ein Karbidgefäß geöffnet sein. Zwei oder mehr geöffnete Gefäße sind zulässig, soweit ihr Karbidinhalt den voraussichtlichen Tagesbedarf nicht übersteigt. Geöffnete Gefäße sind mit wasserdicht schließenden oder übergreifenden wasserundurchlässigen Deckeln verdeckt zu halten (§ 12).

20. Jeder Zugang zu den besonderen Lagerräumen muß an auffallender Stelle eine Warnungstafel mit der Aufschrift erhalten:

„Karbidlager! Unbefugten ist der Zutritt verboten. Zum Löschen eines Brandes kein Wasser verwenden!“

Erde, Sand oder geeignete Feuerlöscher sind in der Nähe bereit zu halten. Das Rauchen und der Verkehr mit glühenden oder brennenden Gegenständen in diesen Räumen ist verboten, worauf durch besonderen Anschlag hinzuweisen ist (§§ 8, 18).

Richtlinien
des Deutschen Azetylenausschusses für die Beförderung von Azetylenentwicklern, die zu technischen Zwecken benutzt werden.

1. Azetylenentwickler sollen innerhalb der Betriebe zu Gebrauchszwecken grundsätzlich — soweit Gewicht, Bauart und Entfernung dieses zulassen — in nicht auseinandergenommenem, den Betriebsvorschriften entsprechendem Zustande befördert werden.

2. Falls eine Beförderung mit Sperr- und Entwicklerwasser nicht möglich ist, sind die Entwickler stets auseinanderzunehmen, um zu vermeiden, daß bei Stößen

während der Beförderung durch Reibung von Eisenteilen Funken entstehen.

3. Bei der Beförderung der Entwickler in einem den Betriebsvorschriften entsprechenden Zustande (Ziff. 1) ist die Gasentwicklung zu unterbrechen und — nötigenfalls — Gas abzulassen, damit der Gasvorrat in den Behältern möglichst klein wird. Es empfiehlt sich, namentlich bei längerem Beförderungsweg, das noch im Entwickler befindliche Karbid herauszunehmen.

4. Müssen Entwickler bei der Beförderung auseinandergenommen werden (Ziff. 2), so ist das Gas abzulassen, zu entschlammen und das Wasser abzulassen. Hiernach ist der Apparat vorsichtig auseinanderzunehmen, in allen Teilen von Karbidresten und Schlamm zu säubern und durch Auffüllen mit Wasser bis zum Überlaufen von Gasresten zu befreien. Gasglocken und ähnliche Apparateteile sind hierbei und bei der Beförderung stets so zu legen, daß ihre Öffnung seitwärts zeigt.

5. Beim Entgasen, Auseinandernehmen und Reinigen der Entwickler — nach Möglichkeit auch bei der Beförderung — ist streng darauf zu achten, daß sich in der Nähe kein Licht oder Feuer (offene Lampe, Zigarren, Zigaretten, glimmende Asche und Kohle) befindet.

Schweiß- und Schneidarbeiten

§ 1. Schweiß- und Schneidarbeiten dürfen, außer von in Ausbildung befindlichen Lehrlingen, nur von zuverlässigen und sachkundigen, mindestens 16 Jahre alten Personen ausgeführt werden, die mit den zum Schweißen und Schneiden dienenden Einrichtungen vertraut sind.

§ 2. (1) Gasflaschen, Ventile, festverlegte Leitungen, Sauerstoffschläuche und dgl. sollen farbig gekennzeichnet sein.

(2) Für Gasflaschen muß die Farbe bei Sauerstoff blau, bei Wasserstoff und allen anderen brennbaren

Gasen rot und bei Azetylen gelb sein. Beim Anstrich festverlegter Leitungen sind die Normen für Rohrleitungen zu beachten, vgl. S. 81.

(3) Flaschen- und Druckminderventile müssen bei Sauerstoff Rechtsgewinde, bei Wasserstoff Linksgewinde, die Anschlußzapfen der Sauerstoffflaschen einen Durchmesser von 26,2 mm, die der Wasserstoffflaschen einen Durchmesser von 21,8 mm haben.

§ 3. (1) Beim Lagern sind die Flaschen, auch die leeren, gegen Umfallen und Herabfallen zu sichern. Flaschen für verschiedene Gase sind voneinander gesondert zu lagern. Das Zusammenlagern mit feuergefährlichen Stoffen ist verboten.

§ 4. Vor ihrer Benutzung sind gefüllte Flaschen und die zugehörigen Armaturen, besonders auch die Anschlußgewinde, auf ordnungsmäßigen Zustand zu untersuchen. Beschädigte Flaschen und Armaturen sind, auch wenn die Beschädigung während des Gebrauchs auftritt, der Weiterbenutzung zu entziehen. Eigenmächtiges Auseinandernehmen der Druckminderventile ist verboten. Ausbesserungen dürfen nur sachkundigen Personen übertragen werden.

§ 5. (1) Stehende Gasflaschen sind gegen Umfallen durch feststehende oder fahrbare Gestelle, Wandschellen und dgl. zu sichern.

(2) Gefüllte Gasflaschen sind wegen Explosionsgefahr vor längerer Sonnenbestrahlung und scharfem Frost zu schützen. Sie sind, namentlich bei scharfer Kälte, vor Stößen und Erschütterungen zu bewahren. Sie dürfen in der Nähe von offenem Feuer, z. B. Feldschmieden, von Öfen, Heizkörpern und ähnlichen Wärmequellen nicht aufgestellt oder auch nur vorübergehend gelagert werden. Ebenso ist das Lagern unmittelbar neben den Benutzungsstellen verboten.

§ 6. (1) Die Armaturen und Dichtungen der Sauerstoffflaschen sind wegen Explosionsgefahr von Fett, Glyzerin und Öl frei zu halten; besonders dürfen sie nicht mit ölhaltigen Putzlappen oder mit fettigen Fingern berührt werden. Lederdichtungen dürfen an Hochdruckteilen nicht verwendet werden.

(2) Die mit Sauerstoff in Berührung kommenden Federn neuer Manometer müssen vom Fett befreit, die vollzogene Entfettung muß äußerlich gekennzeichnet sein.

§ 7. (3) Sauerstoff- und Wasserstoffdruckminderventile müssen so eingerichtet sein, daß Entzündungen (Ausbrennen) beim Öffnen der Flaschenventile vermieden werden.

§ 8. (1) Die Flaschenventile sind nur langsam und nur wenig zu öffnen; im allgemeinen genügt ein Aufdrehen um einen halben bis zu einem ganzen Gewindegang.

(2) Vor dem Anbringen des Druckminderventils ist das Flaschenventil auszublasen.

(3) Kommt es beim Öffnen des Flaschenventils zu einer Entzündung, ist es, wenn noch möglich, sofort zu schließen; sonst müssen die gefährdeten Räume sofort von allen Personen verlassen werden. Außerdem ist unvorzüglich Meldung zu machen.

(4) Eingefrorene Druckminderventile dürfen nur mit heißem Wasser, heißen Sandsäcken und dgl., keinesfalls mit der Flamme oder glühendem Eisen aufgetaut werden.

§ 10. (1) Wenn es die Arbeit gestattet, sind für die Brenner Ablegevorrichtungen zu benutzen.

(2) Brenner und Druckminderventile sind bei längerer Arbeitsunterbrechung staubsicher unterzubringen und unter Verschluß zu halten; sie dürfen nicht zusammen mit anderen, besonders öl- und fetthaltigen Gegenständen und auch nicht an Stellen, an denen mit dem Vorhandensein von Öl und Fett zu rechnen ist, aufbewahrt werden.

§ 11. Die Gasschläuche müssen sicher befestigt und bei unmittelbarem Anschluß an die Sicherheitsvorlage eines Entwicklers mindestens 5 m lang sein. Sie sind gut instand zu halten; auch kleine Beschädigungen müssen sofort ausgebessert werden.

§ 12. Bei Störungen, besonders beim Erlöschen der Brennerflamme, sind sofort die Abstellvorrichtungen zu schließen.

§ 13. (1) Nach dem Entleeren der Flaschen sind sofort die Verschlußventile gasdicht zu schließen, die Verschlußmuttern und Schutzkappen wieder aufzuschrauben.

§ 14. Wird mit Sauerstoff-Leuchtgas gearbeitet, ist zwischen Gasuhr und Brenner eine Sicherheitsvorlage einzuschalten.

§ 17. Den Arbeitern, die schweißen oder schneiden, auch den Lichtbogenschweißern und ihren durch Lichtstrahlen oder abspringende Funken gefährdeten Helfern sind Augenschutzmittel, z. B. Schutzbrillen mit lichtschützenden Gläsern, Schutzspiegel, Schutzkappen und, wenn es die Art der Arbeiten erfordert, auch Schutzkleidung, z. B. Kopfschutz, Handschuhe, Schürzen, zur Verfügung zu stellen. Die Schutzmittel sind zu benutzen.

§ 18. Wird in engen Räumen, in Kesseln oder anderen schwer zugänglichen Behältern geschweißt oder geschnitten, sind sie wegen der Gasgefahr gut zu entlüften. Das gleiche gilt, wenn die Schweißgase bei Arbeiten außen an den Behältern in das Innere gelangen können und die Behälter während der Arbeit oder im Anschluß an sie betreten werden müssen. Die Brenner und ihre Zuleitungen sind bei längerer Unterbrechung der Arbeiten aus den engen Räumen zu entfernen.

§ 19. (1) Wenn an Gefäßen, die leicht entzündliche Flüssigkeiten, z. B. Teeröl, Benzin, Benzol, Äther, oder explosionsfähige Gase oder Säuren enthalten haben, Feuerarbeiten vorgenommen werden sollen oder Arbeiten, bei denen ein Erglühen von Gegenständen oder Funkenbildung eintreten kann, sind zunächst die Gefäßverschlüsse so zu öffnen, daß sich dabei Funken nicht bilden können. Dann sind die Gefäße von Rückständen zu befreien, gründlich auszuspülen und völlig mit Wasser, Dampf, Stickstoff oder Kohlensäure anzufüllen. Die zum Anfüllen nötigen Stoffe und Geräte (bei Wasser z. B. Schwenkrohre) sind zur Verfügung zu stellen. Die Arbeiten dürfen nur von sachkundigen, erfahrenen Personen unter Beachtung größter Vorsicht ausgeführt werden. Können die Gefäße während der ganzen Dauer der Arbeiten nicht gefüllt gehalten werden, dürfen Feuerarbeiten nicht vorgenommen werden.

Stichwortverzeichnis

MANNESMANNROHRE
IN DER
SCHWEISSTECHNIK
DEUTSCHE
MANNESMANNRÖHREN-WERKE
DÜSSELDORF AKTIENGESELLSCHAFT ULMENSTR. 125

Rationelles Schweißen und Schneiden
setzt moderne Einrichtungen voraus.
Wir beraten Sie unverbindlich!
SIRIUS
SIRIUS-DÜSSELDORF 10

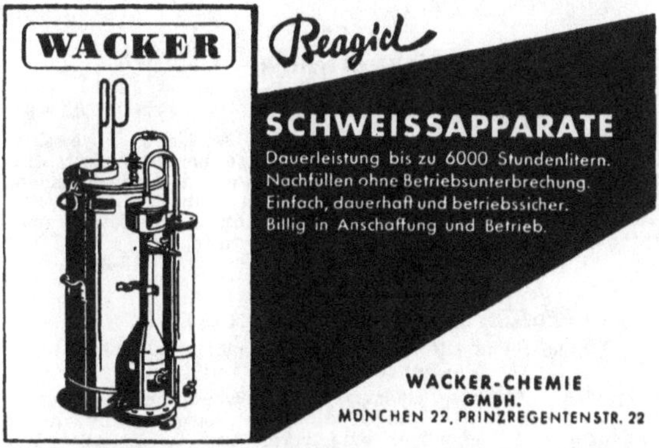
WACKER
Reagid
SCHWEISSAPPARATE
Dauerleistung bis zu 6000 Stundenlitern.
Nachfüllen ohne Betriebsunterbrechung.
Einfach, dauerhaft und betriebssicher.
Billig in Anschaffung und Betrieb.
WACKER-CHEMIE
GMBH.
MÜNCHEN 22, PRINZREGENTENSTR. 22

„Gloria"
GASFLASCHEN-VENTILE
für alle Gase
werden weder undicht noch schwergängig
Gloria
Gloria
CARL ESSER
DRUCKGASARMATUREN
KÖLN · MAYBACHSTRASSE 174

Satz und Druck des Inseratenteils: Buchkunst Hans Jentzsch & Co., Berlin W 35

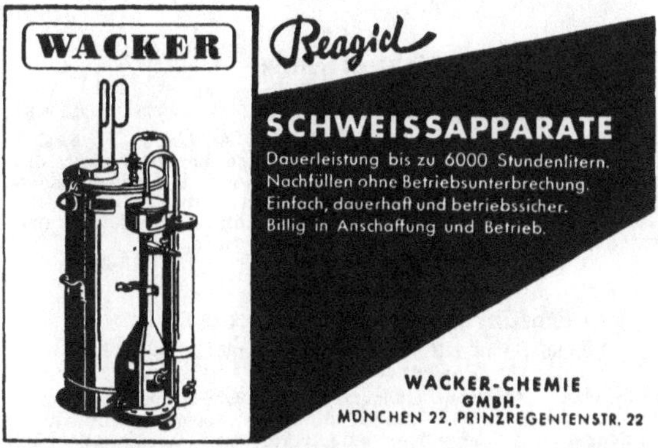
WACKER
Reagid
SCHWEISSAPPARATE
Dauerleistung bis zu 6000 Stundenlitern.
Nachfüllen ohne Betriebsunterbrechung.
Einfach, dauerhaft und betriebssicher.
Billig in Anschaffung und Betrieb.
WACKER-CHEMIE
GMBH.
MÜNCHEN 22, PRINZREGENTENSTR. 22

„Gloria"
GASFLASCHEN-VENTILE
für alle Gase
werden weder undicht noch schwergängig
Gloria
Gloria
CARL ESSER
DRUCKGASARMATUREN
KÖLN · MAYBACHSTRASSE 174

Satz und Druck des Inseratenteils: Buchkunst Hans Jentzsch & Co., Berlin W 35

GESAMTVERZEICHNIS

SAMMLUNG GÖSCHEN

DAS WISSEN DER WELT IN KURZEN, KLAREN, ALLGEMEINVERSTÄNDLICHEN EINZELDARSTELLUNGEN NACH DEN LEHRPLÄNEN DER DEUTSCHEN UNIVERSITÄTEN UND HOCHSCHULEN AUFGEBAUT

JEDER BAND DM 2,40

DOPPELBAND DM 4,80

STAND APRIL 1954

WALTER DE GRUYTER & CO.

BERLIN W 35

INHALTSVERZEICHNIS

Geisteswissenschaften

Philosophie · Pädagogik · Psychologie · Soziologie

Einführung in die Philosophie von *H. Leisegang*. 2. Auflage. 145 Seiten. 1951 . . . . Bd. 281

Erkenntnistheorie von *G. Kropp* 1. Teil: Allgemeine Grundlegung. 143 Seiten. 1950 . . . . Bd. 807

Hauptprobleme der Philosophie von *G. Simmel*†. 7., unveränd. Auflage. 177 Seiten. 1950 . . . . Bd. 500

Geschichte der Philosophie

I: Die griechische Philosophie von *W. Capelle*. 1. Teil. Von Thales bis Leukippos. 2., erweiterte Auflage. 135 Seiten. 1953 . . . . Bd. 857

II: Die griechische Philosophie von *W. Capelle*. 2. Teil. Von der Sophistik bis zum Tode Platons. 2., stark erweiterte Auflage. 144 Seiten. 1953 . . . . Bd. 859

III: Die griechische Philosophie von *W. Capelle*. 3. Teil. Vom Tode Platons bis zur Alten Stoa. 2., stark erweiterte Auflage. 132 Seiten. 1954 . . . . Bd. 859

IV: Die griechische Philosophie von *W. Capelle*. 4. Teil. Von der Alten Stoa bis zum Eklektizismus im 1. Jahrhundert v. Chr. 2., stark erweiterte Auflage. 132 Seiten. 1954 . . . . Bd. 863

V: Die Philosophie des Mittelalters von *J. Koch*. In Vorbereitung . . . . Bd. 826

VI: Die vorkantische Philosophie von *K. Schilling*. In Vorbereitung . . . . Bd. 394

VII: Immanuel Kant von *G. Lehmann*. In Vorbereitung . Bd. 536

VIII: Die Philosophie des 19. Jahrhunderts von *G. Lehmann*. 1. Teil. 151 Seiten. 1953 . . . . Bd. 571

IX: Die Philosophie des 19. Jahrhunderts von *G. Lehmann*. 2. Teil. 168 Seiten. 1953 . . . . Bd. 709

X: Die Philosophie im ersten Drittel des 20. Jahrhunderts von *G. Lehmann*. In Vorbereitung . . . . . . Bd. 845

Die geistige Situation der Zeit (1931) von *K. Jaspers*. 3., unveränderter Abdruck der 1932 bearbeiteten 5. Auflage. 211 Seiten. 1953 . . . . Bd. 1000

Philosophisches Wörterbuch von *M. Apel*. 4., unveränderte Auflage. 260 Seiten. 1953 . . . . Bd. 1031

Geschichte der Pädagogik von *H. Weimer*. 11., neubearbeitete und vermehrte Auflage. 1954. In Vorbereitung . . . Bd. 145

Therapeutische Psychologie. Freud – Adler – Jung von *W. M. Kranefeldt*. Mit einer Einführung von *C. G. Jung*. 2. Auflage. 152 Seiten. 1950 . . . . Bd. 1034

Soziologie. Geschichte und Hauptprobleme von *L. von Wiese*. 4. Auflage. 151 Seiten. 1950 . . . . Bd. 101

Religionswissenschaften

Buddhismus von *E. Waldschmidt*. 2 Teile. 1955. In Vorber. Bd. 174/770

Jesus von *M. Dibelius* †. 2. Auflage. Unveränderter Nachdruck. 137 Seiten. 1949 . . . . Bd. 1130

Paulus von *M. Dibelius* †. Nach dem Tode des Verfassers herausgegeben und zu Ende geführt von *W. G. Kümmel*. 155 Seiten. 1951 . . . . Bd. 1160

Musik

Musikästhetik von *H. J. Moser.* 180 Seiten. 1953 . . . . Bd. 344
Systematische Modulation von *R. Hernried.* 2. Auflage. 136 Seiten. 1950 . . . . Bd. 1094
Der polyphone Satz von *E. Pepping.* 1. Teil: Der cantus-firmus-Satz. 2. Auflage. 223 Seiten. 1950 . . . . Bd. 1148
Harmonielehre von *H. J. Moser.*
I: 112 Seiten. 1954 . . . . Bd. 809
II: In Vorbereitung . . . . Bd. 810
Gesangskunst von *H. J. Moser.* In Vorbereitung . . . . Bd. 576/576a
Die Kunst des Dirigierens von *H. W. von Waltershausen.* 2. Auflage. 138 Seiten. 1954 . . . . Bd. 1147
Die Technik des Klavierspiels aus dem Geiste des musikalischen Kunstwerkes von *K. Schubert* †. 3. Auflage. 108 Seiten. 1954 . . . . Bd. 1045
Die Musik des 19. Jahrhunderts von *W. Oehlmann.* 180 Seiten. 1953 . . . . Bd. 170

Kunst

Stilkunde von *H. Weigert.*
I: Vorzeit, Antike, Mittelalter. 2. Auflage. 136 Seiten. Mit 94 Abbildungen. 1954 . . . . Bd. 80
II: Spätmittelalter und Neuzeit. 2. Auflage. 141 Seiten. Mit 84 Abbildungen. 1954 . . . . Bd. 781

Geschichte

Einführung in die Geschichtswissenschaft von *P. Kirn.* 2. Auflage. 121 Seiten. 1952 . . . . Bd. 270
Archäologie von *A. Rumpf.*
I: Einleitung, historischer Überblick. 143 Seiten mit 6 Abbildungen im Text und 12 Tafeln. 1953 . . . . . Bd. 538
II: In Vorbereitung . . . . Bd. 539
Kultur der Urzeit von *F. Behn.* 4. Auflage der „Kultur der Urzeit". Band I–III von *M. Hoernes.*
I: Die vormetallischen Kulturen. (Die Steinzeiten Europas. Gleichartige Kulturen in anderen Erdteilen). 172 Seiten mit 48 Abbildungen. 1950 . . . . Bd. 564
II: Die älteren Metallkulturen. (Der Beginn der Metallbenutzung. Kupfer- und Bronzezeit in Eurpoa, im Orient und in Amerika). 160 Seiten mit 67 Abbildungen. 1950 Bd. 565
III: Die jüngeren Metallkulturen. (Das Eisen als Kulturmetall. Hallstatt-Latene-Kultur in Europa. Das erste Auftreten des Eisens in den anderen Erdteilen). 149 Seiten mit 60 Abbildungen. 1950 . . . . Bd. 566
Vorgeschichte Europas von *F. Behn.* Völlig neue Bearbeitung der 7. Auflage der „Urgeschichte der Menschheit" von *M. Hoernes.* 125 Seiten mit 47 Abbildungen. 1949 . . . Bd. 42
Von den Karolingern zu den Staufern von *J. Haller.* Die altdeutsche Kaiserzeit (900–1250). 3. Auflage. 141 Seiten mit 4 Karten. 1944 . . . . Bd. 1065
Deutsche Geschichte im Zeitalter der Reformation, der Gegenreformation und des 30jährigen Krieges von *F. Hartung.* **129 Seiten. 1951** . . . . Bd. 1105

Quellenkunde der deutschen Geschichte im Mittelalter von *K. Jacob*† (bis zur Mitte des 15. Jahrhunderts).
I: Einleitung, Allgemeiner Teil. Die Zeit der Karolinger. 5. Auflage. 118 Seiten. 1949 . . . . Bd. 279
II: Die Kaiserzeit (911–1250). 4. Auflage. 127 Seiten. 1949 Bd. 280
III: Das Spätmittelalter (vom Interregnum bis 1500). Unter Verwendung der Hinterlassenschaft herausgegeben von *F. Weden*. 152 Seiten. 1952 . . . . Bd. 284

Zeitrechnung der römischen Kaiserzeit, des Mittelalters und der Neuzeit von *H. Lietzmann*†. Für die Jahre 1–2000 n. Chr. 2. Auflage. Von A. Hofmeister. 1954. In Vorbereitung . . . . Bd. 1085

Badische Geschichte von A. Krieger. 137 Seiten. 1921 . . . . Bd. 230

Geschichte Englands von *H. Preller*.
I: bis 1815. 3., stark umgearbeitete Auflage. 135 Seiten mit 7 Stammtafeln und 2 Karten im Text. 1952 . . . . Bd. 375
II: In Vorbereitung . . . . Bd. 1088

Thüringische Geschichte von *E. Devrient*. 2. Auflage. 136 Seiten. 1921. . . . . Bd. 352

Deutsche Sprache und Literatur

Deutsches Rechtschreibungswörterbuch von *M. Gottschald*. 2., verbesserte Auflage. 269 Seiten. 1953 . . . . . Bd. 200/200a

Deutsche Wortkunde von *A. Schirmer*. Eine kulturgeschichtliche Betrachtung des deutschen Wortschatzes. 3., durchgesehene Auflage. 109 Seiten. 1949 . . . . . . Bd. 929

Deutsche Sprachlehre von *W. Hofstaetter*. 9., neubearbeitete Auflage von *G. Spree*. 114 Seiten. 1953 . . . . Bd. 20

Redetechnik von *H. Biehle*. Eine Einführung in die Rhetorik. 115 Seiten. 1954 . . . . Bd. 61

Sprechen und Sprachpflege von *H. Feist*. (Die Kunst des Sprechens). 2., verbesserte Auflage. 99 Seiten mit 25 Abbildungen. 1952 . . . . Bd. 1122

Deutsches Dichten und Denken von der germanischen bis zur staufischen Zeit von *H. Naumann*. (Deutsche Literaturgeschichte vom 5.–13. Jahrhundert). 2., verbesserte Auflage. 166 Seiten. 1952 . . . . Bd. 1121

Deutsches Dichten und Denken vom Mittelalter zur Neuzeit von *G. Müller* (1270–1700). 2., durchgesehene Auflage. 159 Seiten. 1949 . . . . Bd. 1086

Deutsches Dichten und Denken von der Aufklärung bis zum Realismus von *K. Viëtor* (Deutsche Literaturgeschichte von 1700–1890). 2., durchgesehene Auflage. 156 Seiten. 1949 . . . . Bd. 1096

Deutsche Heldensagen von *H. Schneider*. In Vorbereitung . . Bd. 32

Der Nibelunge Nôt in Auswahl mit kurzem Wörterbuch von *K. Langosch*. 9., umgearbeitete Auflage. 164 Seiten. 1953 Bd. 1

Die deutschen Personennamen von *M. Gottschald*. In Vorbereitung . . . . Bd. 422

Indogermanisch · Germanisch

Gotisches Elementarbuch von *H. Hempel*. Grammatik, Texte mit Übersetzung und Erläuterungen. 2., umgearbeitete Auflage. 165 Seiten. 1953 . . . . Bd. 79

Indogermanische Sprachwissenschaft von *H. Krahe*. 2. Auflage. 134 Seiten. 1948 . . . . Bd. 59

Germanische Sprachwissenschaft von *H. Krahe*. 2. Auflage.
I: Einleitung und Lautlehre. 127 Seiten. 1948 . . . . Bd. 238
II: Formenlehre. 140 Seiten. 1948 . . . . Bd. 780

Althochdeutsches Elementarbuch von *H. Naumann* † und *W. Betz*. 2. Auflage. 156 Seiten. 1954 . . . . Bd. 1111

Altnordisches Elementarbuch von *F. Ranke*. Schrifttum, Sprache, Texte mit Übersetzung und Wörterbuch. 2., durchgesehene Auflage. 146 Seiten. 1949 . . . . . Bd. 1115

Englisch · Französisch · Italienisch

Altenglisches Elementarbuch von *M. Lehnert*. Einführung, Grammatik, Texte mit Übersetzung und Wörterbuch. 2., verbesserte und vermehrte Aufl. 176 Seiten. 1950 . Bd. 1125

Beowulf von *M. Lehnert*. Eine Auswahl mit Einführung, teilweiser Übersetzung, Anmerkungen und etymologischem Wörterbuch. 2., verbesserte Auflage. 135 Seiten. 1949 Bd. 1135

Englische Literaturgeschichte.
I: Die alt- und mittelenglische Periode von *F. Schubel*. 163 Seiten. 1954 . . . . Bd. 1114
II: Von der Renaissance bis zur Aufklärung von *Paul Meissner*†. 139 Seiten. 1937 . . . . Bd. 1116
III: Romantik und Viktorianismus von *Paul Meissner*†. 150 Seiten. 1938 . . . . Bd. 1124
IV: Das 20. Jahrhundert von *Paul Meissner*†. 150 Seiten. 1939 . . . . Bd. 1136

Romanische Sprachwissenschaft von *H. Lausberg*. 2 Bände. In Vorbereitung . . . . Bd. 128/250

Italienische Literaturgeschichte von *K. Vossler*. Unveränderter Nachdruck der 1927 erschienenen 4., durchgesehenen und verbesserten Auflage. 148 Seiten. 1948 . . . . Bd. 125

Shakespeare von *P. Meissner*†. 2. Auflage, neubearbeitet von M. Lehnert. 136 Seiten. 1954 . . . . Bd. 1142

Griechisch · Lateinisch

Griechische Sprachwissenschaft von *W. Brandenstein*.
I: Einleitung, Lautsystem, Etymologie. 160 Seiten. 1954 Bd. 117

Geschichte der griechischen Sprache von *O. Hoffmann*†.
I: Bis zum Ausgang der klassischen Zeit. 3., umgearbeitete Auflage von *A. Debrunner*. 156 Seiten. 1954 . . . . Bd. 111
II: In Vorbereitung . . . . Bd. 114

Geschichte der griechischen Literatur von *W. Nestle*. 2., verbesserte Auflage.
I: Von den Anfängen bis auf Alexander d. Gr. 148 Seiten. 1950 . . . . Bd. 70
II: Von Alexander d. Gr. bis zum Ausgang der Antike. 128 Seiten. 1945 . . . . Bd. 557

Geschichte der lateinischen Sprache von *F. Stolz*†. 3., stark umgearbeitete Auflage von *A. Debrunner*. 136 Seiten. 1953 Bd. 492

Hebräisch · Sanskrit · Russisch

Hebräische Grammatik von *G. Beer*†. 2., völlig neubearbeitete Auflage von *R. Meyer*.
I: Schrift-, Laut- und Formenlehre I. 157 Seiten. 1952. Bd. 763/763a
II: Schrift-, Laut- und Formenlehre II. 1954. In Vorbereitung . . . . Bd. 764/764a
Hebräisches Übungsbuch von *G. Beer*† und *R. Meyer*. In Vorbereitung . . . . Bd. 769
Sanskrit-Grammatik von *M. Mayrhofer*. 89 Seiten. 1953 . . . Bd. 1158
Russische Grammatik von *G. Berneker*. 6., unveränderte Auflage von *M. Vasmer*. 155 Seiten. 1947 . . . . Bd. 66

Erd- und Länderkunde

Afrika von *F. Jaeger*. Ein geographischer Überblick. 2., umgearbeitete Auflage
I: Der Lebensraum. 174 Seiten. 1954 . . . . Bd. 910
II: Mensch und Kultur. 155 Seiten. 1954 . . . . Bd. 911
Amerika von *H. Dreyhaus*. 2 Bände. In Vorbereitung . . Bd. 855/856
Australien und Ozeanien von *H. J. Krug*. 176 Seiten mit 46 Skizzen. 1953 . . . . Bd. 319
Eiszeitalter von *E. Hameister*. In Vorbereitung . . . . Bd. 431
Kartenkunde von *M. Eckert-Greifendorff*†. 3., durchgesehene Auflage von *W. Kl'ffner*. 149 Seiten mit 63 Abb. 1950 Bd. 30

Volkswirtschaft

Allgemeine Betriebswirtschaftslehre von *K. Mellerowicz*. 8., unveränderte Auflage.
I: 142 Seiten. 1954 . . . . Bd. 1008
II: 112 Seiten. 1954 . . . . Bd. 1153
III: 143 Seiten. 1954 . . . . Bd. 1154
Statistik von *E. Meier* 2 Bände. In Vorbereitung . . . . . . Bd. 746

Naturwissenschaften

Mathematik

Geschichte der Mathematik von *J. E. Hofmann*
I: Von den Anfängen bis zum Auftreten von Fermat und Descartes. 200 Seiten. 1953 . . . . Bd. 226

Mathematische Formelsammlung von *F. Ringleb.* Vollständig umgearbeitete Neuausgabe des Werkes von *O. Th. Bürklen.* 5., verbesserte Auflage. 274 Seiten mit 57 Figuren. 1949 . . . . Bd. 51

Fünfstellige Logarithmen von *A. Adler.* Mit mehreren graphischen Rechentafeln und häufig vorkommenden Zahlwerten. 2. Auflage. Neudruck. 127 Seiten mit 1 Tafel. 1949 . . . . Bd. 423

Arithmetik von *H. Rohrbach* (früher Fischer). 1955. In Vorbereitung . . . . Bd. 47

Höhere Algebra von *H. Hasse.* 3., verbesserte Auflage.
I: Lineare Gleichungen. 152 Seiten. 1951 . . . . Bd. 931
II: Gleichungen höheren Grades. 158 Seiten mit 5 Figuren. 1951 . . . . Bd. 932

Aufgabensammlung zur höheren Algebra von *H. Hasse* und *W. Klobe.* 2., verbesserte und vermehrte Auflage. 181 Seiten. 1952 . . . . Bd. 1082

Elementare und klassische Algebra vom modernen Standpunkt von *W. Krull.* 2., erweiterte Auflage.
I: 136 Seiten. 1952 . . . . Bd. 930

Einführung in die Zahlentheorie von *A. Scholz*†. Überarbeitet von *B. Schoeneberg.* 1954. In Vorbereitung . . . . . . Bd. 1131

Gruppentheorie von *L. Baumgartner.* 2. Auflage. 115 Seiten mit 6 Figuren. 1949 . . . . Bd. 837

Funktionentheorie von *K. Knopp.* 7. Auflage
I: Grundlagen der allgemeinen Theorie der analytischen Funktionen. 139 Seiten. Nachdruck 1954 . . . . Bd. 668
II: Anwendungen und Weiterführung der allgemeinen Theorie. 130 Seiten. Nachdruck 1954 . . . . Bd. 703

Aufgabensammlung zur Funktionentheorie von *K. Knopp.* 4. Auflage.
I: Aufgaben zur elementaren Funktionentheorie. 135 Seiten .1949 . . . . Bd. 877
II: Aufgaben zur höheren Funktionentheorie. 151 Seiten. 1949 . . . . Bd. 878

Elemente der Funktionentheorie von *K. Knopp.* 3. Auflage. 144 Seiten. Nachdruck 1954 . . . . Bd. 1109

Determinanten von *H. Wielandt* (früher Fischer). 1955. In Vorbereitung . . . . Bd. 402

Differentialrechnung von *A. Witting*†. 3., neubearbeitete Auflage. Durchgesehener Neudruck. 201 Seiten mit 95 Figuren und 200 Beispielen. 1949 . . . . Bd. 87

Repetitorium und Aufgabensammlung zur Differentialrechnung von *A. Witting*†. 2., neubearbeitete Auflage. Durchgesehener Neudruck. 145 Seiten. 1949 . . . . Bd. 146

Integralrechnung von *A. Witting*†. 2., verbesserte Auflage. Durchgesehener Neudruck. 176 Seiten mit 62 Figuren und 190 Beispielen . . . . Bd. 88

Repetitorium und Aufgabensammlung zur Integralrechnung von *A. Witting*†. 2., neubearbeitete Auflage. Durchgesehener Neudruck. 121 Seiten mit 32 Figuren und 309 Beispielen. 1949. . . . . Bd. 147

Gewöhnliche Differentialgleichungen von *G. Hoheisel*. 4., neubearbeitete Auflage. 129 Seiten. 1951 . . . . Bd. 920

Partielle Differentialgleichungen von *G. Hoheisel*. 3., neubearbeitete Auflage. Etwa 130 Seiten. 1954 . . . . . Bd. 1003

Aufgabensammlung zu den gewöhnlichen und partiellen Differentialgleichungen von *G. Hoheisel*. 2., umgearbeitete Auflage. 124 Seiten. 1952 . . . . Bd. 1059

Darstellende Geometrie von *W. Haack*.

I: Die wichtigsten Darstellungsmethoden. Grund- und Aufriß ebenmäßiger Körper. 106 Seiten mit 112 Abbildungen. 1954 . . . . Bd. 142

II: Körper mit krummen Begrenzungsflächen. Kotierte Projektionen. 129 Seiten mit 86 Abbildungen. 1954 . . Bd. 143

Sammlung von Aufgaben und Beispielen zur analytischen Geometrie der Ebene von *R. Haussner*. Mit den vollständigen Lösungen. 139 Seiten mit 22 Figuren im Text. Neudruck. 1949 . . . . Bd. 256

Nichteuklidische Geometrie von *R. Baldus*†. Hyperbolische Geometrie der Ebene. 3., verbesserte Auflage, durchgesehen und herausgegeben von *F. Löbell*. 140 Seiten mit 70 Figuren im Text. 1954 . . . . Bd. 970

Differentialgeometrie von *K. Strubecker* (früher Rothe). 2 Bände. In Vorbereitung . . . . Bd. 1113

Einführung in die konforme Abbildung von *L. Bieberbach*. 4. Auflage. 147 Seiten mit 42 Zeichnungen. 1949 . . . Bd. 768

Vektoranalysis von *S. Valentiner*. Neudruck der 7. Auflage (1950). 138 Seiten mit 19 Figuren. 1954 . . . . Bd. 354

Vermessungskunde von *P. Werkmeister*.

I: Stückmessung und Nivellieren. 9. Auflage. 165 Seiten mit 145 Figuren. 1949 . . . . Bd. 468

II: Messung von Horizontalwinkeln. Festlegung von Punkten im Koordinatensystem. Absteckungen. 7. Auflage. 151 Seiten mit 93 Figuren. 1949 . . . . Bd. 469

III: Trigonometrische und barometrische Höhenmessung. Tachymetrie und Topographie. 6. Auflage. 147 Seiten mit 64 Figuren. 1949 . . . . Bd. 862

Versicherungsmathematik von *F. Böhm*.

I: Elemente der Versicherungsrechnung. 3., vermehrte und verbesserte Auflage. Durchgesehener Neudruck. 151 Seiten. 1954. Bd. 180

II: Lebensversicherungsmathematik. Einführung in die technischen Grundlagen der Sozialversicherung. 2., verbesserte Auflage. 205 Seiten. 1953 . . . . Bd. 917/917a

Physik

Einführung in die theoretische Physik von *W. Döring*
I: Mechanik. Mit 29 Abbildungen. 1954. In Vorbereitung Bd. 76
II: Theorie des elektromagnetischen Feldes. In Vorbereitg. Bd. 77

Atomphysik von *K. Bechert* und *Ch. Gerthsen*. 3., umgearb. Auflage.
I und II: 1955. In Vorbereitung . . . . Bd. 1009/1033
III: Theorie des Atombaus. 1. Teil von *K. Bechert*. 148 Seit. mit 16 Abbildungen. 1954 . . . . Bd. 1123/1123a
IV: Theorie des Atombaus. 2. Teil von *K. Bechert*. 170 Seiten mit 14 Abbildungen. 1954 . . . . Bd. 1165/1165a
V, VI und VII: 1955. In Vorbereitung . . . . . Bd. 1166/1167/1168

Differentialgleichungen der Physik von *F. Sauter*. 2. Auflage. 148 Seiten mit 16 Figuren. 1950 . . . . Bd. 1070

Physikalische Formelsammlung von *G. Mahler* und *K. Mahler*. 8., verbesserte Auflage. 153 Seiten mit 69 Figuren. 1950 Bd. 136

Physikalische Aufgabensammlung von *G. Mahler* und *K. Mahler*. Mit den Ergebnissen. 7., verbesserte Auflage. 127 Seiten. 1952 . . . . Bd. 243

Chemie

Geschichte der Chemie von *G. Lockemann*. In kurzgefaßter Darstellung
I: Vom Altertum bis zur Entdeckung des Sauerstoffs. 142 Seiten mit 8 Bildnissen. 1950 . . . . Bd. 264
II: Von der Entdeckung des Sauerstoffs bis zur Gegenwart. In Vorbereitung . . . . Bd. 265

Anorganische Chemie von *W. Klemm*. 8. Auflage. 184 Seiten mit 18 Abbildungen. 1954 . . . . Bd. 37

Organische Chemie von *W. Schlenk*. 6., stark erweiterte Auflage. In Vorbereitung . . . . Bd. 38/38a

Allgemeine und physikalische Chemie von *W. Schulze*.
I: 1954. In Vorbereitung . . . . Bd. 71
II: 3., durchgesehene Auflage. 160 Seiten mit 36 Fig. 1949. Bd. 698
III.: Molekülbau. 1955. In Vorbereitung . . . . Bd. 786

Analytische Chemie von *J. Hoppe*. 5., verbesserte Auflage.
I: Reaktionen. 135 Seiten. 1950 . . . . Bd. 247
II: Gang der qualitativen Analyse. 166 Seiten. 1950 . . . Bd. 248

Maßanalyse von *G. Jander* und *K. F. Jahr*. Theorie und Praxis der klassischen und der elektrochemischen Titrierverfahren. 6. Auflage.
I: 140 Seiten mit 18 Figuren. 1952 . . . . Bd. 221
II: 139 Seiten mit 24 Figuren. 1952 . . . . Bd. 1002

Thermochemie von *W. A. Roth*. 2., verbesserte Auflage. 109 Seiten mit 16 Figuren. 1952 . . . . Bd. 1057

Physikalisch-chemische Rechenaufgaben von *E. Asmus*. 2. Auflage. 96 Seiten. 1949 . . . . Bd. 445

Stöchiometrische Aufgabensammlung von *W. Bahrdt* und *R. Scheer*. Mit den Ergebnissen. 5., verbesserte Auflage. 120 Seiten. 1952 . . . . Bd. 452

Elektrochemie und ihre physikalisch-chemischen Grundlagen von *A. Dassler*.
I: 149 Seiten mit 21 Abbildungen. 1950 . . . . Bd. 252
II: 178 Seiten mit 17 Abbildungen. 1950 . . . . Bd. 253

Technologie

Warenkunde von *K. Hassak†* und *E. Beutel†*. 7. Auflage. Neubearbeitet von *A. Kutzelnigg*.
I: Anorganische Waren sowie Kohle und Erdöl. 116 Seiten mit 19 Figuren. 1947 . . . . Bd. 222
II: Organische Waren. 143 Seiten mit 32 Figuren. 1949 . . Bd. 223

Die Fette und Öle von *K. Braun†*. 5., völlig neubearbeitete und verbesserte Auflage von *Th. Klug*. 145 Seiten. 1950 . . Bd. 335

Die Seifenfabrikation von *K. Braun†*. 3., neubearbeitete und verbesserte Auflage von *Th. Klug*. 116 Seiten mit 18 Abbildungen. 1953 . . . . Bd. 336

Textilindustrie von *A. Blümcke*.
I: Spinnerei und Zwirnerei. 112 Seiten mit 43 Abbildungen. 1954 . . . . Bd. 184

Biologie

Hormone von *G. Koller*. 2., neubearbeitete und erweiterte Auflage. 187 Seiten mit 60 Abbildungen und 19 Tabellen. 1949 . . . . Bd. 1141

Fortpflanzung im Tier- und Pflanzenreich von *J. Hämmerling*. 2., ergänzte Auflage. 135 Seiten mit 101 Abbildungen. 1951 . . . . Bd. 1138

Geschlecht und Geschlechtsbestimmung im Tier- und Pflanzenreich von *M. Hartmann*. 2., verbesserte Auflage. 116 Seiten mit 61 Abbildungen und 7 Tabellen. 1951 . Bd. 1127

Grundriß der allgemeinen Mikrobiologie von *W. Schwartz*
I: 104 Seiten mit 17 Abbildungen. 1949 . . . . Bd. 1155
II: 93 Seiten mit 12 Abbildungen. 1949 . . . . Bd. 1157

Symbiose der Tiere mit pflanzlichen Mikroorganismen von *P. Buchner*. 2., verbesserte und vermehrte Auflage. 130 Seiten mit 121 Abbildungen. 1949 . . . . Bd. 1128

Botanik

Entwicklungsgeschichte desPflanzenreiches von *H. Heil*. 2. Auflage. 138 Seiten mit 94 Abbildungen und 1 Tabelle. 1954 Bd. 1137

Morphologie der Pflanzen von *L. Geitler*. 3. Auflage. 1954. In Vorbereitung . . . . Bd. 141

Pflanzenzüchtung von *H. Kuckuck*. 3., völlig umgearbeitete Auflage.
I: Grundzüge der Pflanzenzüchtung. 132 Seiten mit 22 Abbildungen. 1952 . . . . Bd. 1134

Die Laubhölzer von *F. W. Neger†* und *E. Münch†*. Kurzgefaßte Beschreibung der in Mitteleuropa gedeihenden Laubbäume und Sträucher. 3., durchgesehene Auflage, herausgegeben von *B. Huber*. 143 Seiten mit 63 Figuren und 7 Tabellen. 1950 . . . . Bd. 718

Die Nadelhölzer (Koniferen) und übrigen Gymnospermen von *F. W. Neger†* und *E. Münch†*. 4. Auflage. Durchgesehen und ergänzt von *B. Huber*. 140 Seiten mit 75 Figuren, 4 Tabellen und 3 Karten. 1952 . . . . Bd. 355

Zoologie

Entwicklungsphysiologie der Tiere von *F. Seidel.*
I: Ei und Furchung. 126 Seiten mit 29 Abbildungen. 1953 . . . . Bd. 1162
II: Körpergrundgestalt und Organbildung. 159 Seiten mit 42 Abbildungen. 1953 . . . . Bd. 1163

Das Tierreich.
Fische von *D. Lüdemann.* In Vorbereitung . . . . . Bd. 356
Insekten von *H. von Lengerken.* 128 Seiten mit 58 Abbildungen. 1953 . . . . Bd. 594
Lurche von *K. Herter.* In Vorbereitung . . . . . . Bd. 847
Spinnentiere von *A. Kaestner.* In Vorbereitung . . Bd. 1161
Weichtiere von *S. Jaeckel.* In Vorbereitung . . . . Bd. 440
Würmer von *S. Jaeckel.* In Vorbereitung . . . . . . Bd. 439

Vergleichende Physiologie der Tiere von *K. Herter.* 3. Auflage der „Tierphysiologie".
I: Stoff- und Energiewechsel. 155 Seiten mit 64 Abbild. 1950 . . . . Bd. 972
II: Bewegung und Reizerscheinungen. 148 Seiten mit 110 Abbildungen. 1950 . . . . Bd. 973

Land- und Forstwirtschaft

Landwirtschaftliche Tierzucht von *H. Vogel.* Die Züchtung und Haltung der landwirtschaftlichen Nutztiere. 139 Seiten mit 11 Abbildungen. 1952 . . . . Bd. 228

Kulturtechnische Bodenverbesserungen von *O. Fauser.* 4., neubearbeitete Auflage.
I: Allgemeines, Entwässerung. 122 Seiten mit 47 Abbildungen. 1947 . . . . Bd. 691
II: Bewässerung, Ödlandkultur, Umlegung. 150 Seiten mit 67 Abbildungen. 1949 . . . . Bd. 692

Agrikulturchemie von *K. Scharrer.*
I: Pflanzenernährung. 143 Seiten. 1953 . . . . Bd. 329

Geologie · Mineralogie · Kristallographie

Kristallographie von *W. Bruhns*† und *P. Ramdohr.* 4. Auflage. 106 Seiten mit 163 Abbildungen. 1954 . . . . Bd. 210

Einführung in die Kristalloptik von *E. Buchwald.* 4., verbess. Auflage. 138 Seiten mit 121 Figuren. 1952 . . . . . . Bd. 619

Lötrohrprobierkunde von *M. Henglein.* Mineraldiagnose mit Lötrohr und Tüpfelreaktion. 3., verbesserte Auflage. 91 Seiten mit 11 Figuren. 1949 . . . . Bd. 483

Mineral- und Erzlagerstättenkunde von *H. Huttenlocher.*
I: 128 Seiten mit 34 Abbildungen. 1954 . . . . Bd. 1014
II: 156 Seiten mit 48 Abbildungen. 1954 . . . . . Bd. 1015/1015a

Mineralogie von *R. Brauns*† und *K. F. Chudoba.* 9. Auflage. 1954. In Vorbereitung . . . . Bd. 29

Petrographie. Von *W. Bruhns*† und *P. Ramdohr.* 4., durchgesehene Auflage. Mit 10 Abbildungen. 1954. In Vorbereitung . . . . Bd. 173

Geologie von *F. Lotze.* In Vorbereitung . . . . Bd. 13

Technik

Metall

Metallkunde. Einführendes über Aufbau, Eigenschaften und Untersuchung von Metallen und Legierungen sowie über Grundlagen des Schmelzens, des Gießens, des Verformens, der Wärmebehandlung, der Oberflächenbehandlung, der Verbinde- und Trennarbeiten von *H. Borchers*. 2. Auflage.
- I: Aufbau der Metalle und Legierungen. 110 Seiten mit 2 Tabellen und 90 Abbildungen. 1950 . . . . Bd. 432
- II: Eigenschaften. Grundzüge der Form und Zustandsgebung. 154 Seiten mit 8 Tabellen und 100 Abbildungen. 1952 . . . . Bd. 433

Elektrotechnik

Die Gleichstrommaschine von *K. Humburg*. Durchgesehener Neudruck.
- I: 102 Seiten mit 59 Abbildungen. 1949 . . . . Bd. 257
- II: 98 Seiten mit 38 Abbildungen. 1949 . . . . Bd. 881

Die synchrone Maschine von *K. Humburg*. Neudruck. 109 Seiten mit 78 Bildern. 1951 . . . . Bd. 1146

Induktionsmaschinen von *F. Unger*. 2., erweiterte Auflage. 142 Seiten mit 49 Abbildungen. 1954 . . . . Bd. 1140

Transformatoren von *W. Schäfer*. 2. Auflage. 128 Seiten mit 74 Abbildungen. 1949 . . . . Bd. 952

Verbrennungskraftmaschinen von *W. Endres*. In Vorbereitung Bd. 1076

Die komplexe Berechnung von Wechselstromschaltungen von *H. K. Meinke*. 160 Seiten mit 114 Abbildungen. 1949 . Bd. 1156

Theoretische Grundlagen zur Berechnung der Schaltgeräte von *F. Kesselring*. 3. Auflage. 144 Seiten mit 92 Abbildungen. 1950 . . . . Bd. 711

Elektromotorische Antriebe (Grundlagen für die Berechnung) von *A. Schwaiger*. 3., neubearbeitete Auflage. 96 Seiten mit 34 Abbildungen. 1952 . . . . Bd. 827

Technische Tabellen und Formeln von *W. Müller*. 4., verbesserte und erweiterte Auflage von *E. Schulze*. 152 Seiten mit 105 Figuren. 1951 . . . . Bd. 579

Überspannungen und Überspannungsschutz von *G. Frühauf*. Durchgesehener Neudruck. 122 Seiten mit 98 Abbildungen. 1950 . . . . Bd. 1132

Dynamik von *W. Müller*. 2., verbesserte Auflage.
- I: Dynamik des Einzelkörpers. 128 Seiten mit 48 Figuren. 1952 . . . . Bd. 902
- II: Systeme von starren Körpern. 102 Seiten mit 41 Figuren. 1952 . . . . Bd. 903

Technische Schwingungslehre von *L. Zipperer*.
- I: Allgemeine Schwingungsgleichungen, einfache Schwinger. 2., neubearbeitete Auflage. 120 Seiten mit 101 Abbildungen. 1953 . . . . Bd. 953
- II: In Vorbereitung . . . . Bd. 961

Maschinenbau

Werkzeugmaschinen von *K. P. Matthes.*
I: 1954. In Vorbereitung . . . . Bd. 561

Die Maschinenelemente von *E. A. vom Ende.* 2., verbesserte Auflage. 159 Seiten mit 173 Figuren und 12 Tafeln. 1950 Bd. 3

Das Maschinenzeichnen mit Einführung in das Konstruieren von *W. Tochtermann.* 4. Auflage.
I: Das Maschinenzeichnen. 156 Seiten mit 77 Tafeln. 1950 Bd. 589
II: Ausgeführte Konstruktionsbeispiele. 130 Seiten mit 58 Tafeln. 1950 . . . . Bd. 590

Die Werkstoffe des Maschinenbaus von *A. Thum* und *C. M. von Meysenbug.* 2 Bände. In Vorbereitung . . . . Bd. 476/936

Getriebelehre von *P. Grodzinski.* 2., neubearbeitete Auflage.
I: Geometrische Grundlagen. 159 Seiten mit 142 Figuren. 1953 . . . . Bd. 1061

Gießereitechnik von *H. Jungbluth.*
I: Eisengießerei. 126 Seiten mit 44 Abbildungen. 1951 . . Bd. 1159

Die Dampfkessel und Feuerungen einschließlich Hilfseinrichtungen in Theorie, Konstruktion und Berechnung von *W. Marcard*†. 2. Auflage. Neubearbeitet von *K. Beck.*
I: Die theoretischen Grundlagen. Wärme, Verbrennung, Wärmeübertragung. 150 Seiten mit 42 Abbildungen und 16 Tabellen. 1951 . . . . Bd. 9
II: Dampfkessel. 147 Seiten mit 43 Abbildungen. 1952 . . Bd. 521

Technische Thermodynamik von *W. Nusselt.*
I: Grundlagen. 3., verbesserte Auflage. 144 Seiten mit 71 Abbildungen. 1950 . . . . Bd. 1084
II: Theorie der Wärmekraftmaschinen. Neudruck. 144 Seiten mit 87 Abbildungen und 32 Zahlentafeln. 1951 Bd. 1151

Autogenes Schweißen und Schneiden von *H. Niese.* 5. Auflage. Neubearbeitet von *A. Küchler.* 136 Seiten mit 71 Figuren. 1954 . . . . Bd. 499

Elektrische Schweißverfahren von *H. Niese.* Herausgegeben von *H. Dienst.* In Vorbereitung . . . . Bd. 1020

Wasserbau

Wasserkraftanlagen von *A. Ludin.* 2 Bände. 1955. In Vorbereitung . . . . Bd. 665/666

Verkehrswasserbau von *H. Dehnert.*
I: Entwurfsgrundlagen, Flußregelungen. 103 Seiten mit 52 Textabbildungen. 1950 . . . . Bd. 585
II: Flußkanalisierungen und Schiffahrtskanäle. 94 Seiten mit 60 Textabbildungen. 1950 . . . . Bd. 597
III: Schleusen und Hebewerke. 98 Seiten mit 70 Textabbildungen. 1950 . . . . Bd. 1152

Talsperren von *F. Tölke.* 122 Seiten mit 70 Abbildungen. 1953 Bd. 1044

Wehr- und Stauanlagen von *H. Dehnert.* 134 Seiten mit 90 Abbildungen. 1952 . . . . Bd. 965

Hoch- und Tiefbau

Die wichtigsten Baustoffe des Hoch- und Tiefbaus von *O. Graf.* 4., verbesserte Auflage. 131 Seiten mit 63 Abbildungen. 1953 . . . . Bd. 984

Baustoffverarbeitung und Baustellenprüfung des Betons von *A. Kleinlogel.* 2., neubearbeitete und erweiterte Auflage. 126 Seiten mit 35 Abbildungen. 1951 . . . . Bd. 978

Festigkeitslehre von *W. Gehler†* und *W. Herberg.*

I: Elastizität, Plastizität und Festigkeit der Baustoffe und Bauteile. Durchgesehener und erweiterter Neudruck. 159 Seiten mit 18 Bildern. 1952 . . . . Bd. 1144

II: Formänderung, Platten, Stabilität und Bruchhypothesen. Bearb. von W. Herberg und N. Dimitrov. Mit 94 Bildern. In Vorbereitung . . . . Bd. 1145

Grundlagen des Stahlbetonbaus von *A. Troche.* 2., neubearbeitete und erweiterte Auflage. 208 Seiten mit 75 Abbildungen, 17 Bemessungstafeln und 20 Rechenbeispielen. 1953 . . . . Bd. 1078

Hebezeuge von *G. Tafel.*

I: 2., verbesserte Auflage mit 230 Figuren. 1954. In Vorbereitung . . . . Bd. 414/414a

Fenster, Türen, Tore aus Holz und Eisen. Eine Einleitung zu ihrer guten Gestaltung, wirtschaftlichen Bemessung und handwerksgerechten Konstruktion von *W. Wickop.* 3., überarbeitete und ergänzte Auflage. 154 Seiten mit 96 Abbildungen. 1949 . . . . Bd. 1092

Heizung und Lüftung von *J. Körting†* und *W. Körting.* 8., neubearbeitete Auflage.

I: Das Wesen und die Berechnung der Heizungs- und Lüftungsanlagen. 140 Seiten mit 29 Abbildungen und 18 Zahlentafeln. 1951 . . . . Bd. 342

II: Die Ausführung der Heizungs- und Lüftungsanlagen. 150 Seiten mit 165 Abbildungen und 7 Zahlentafeln. 1954 . . . . Bd. 343

SAMNLUNG GÖSCHEN / BANDNUMMERNFOLGE

1 Langosch, Der Nibelunge Nôt
3 vom Ende, Maschinenelemente
9 Marcard-Beck, Dampfkessel I
13 Lotze, Geologie
20 Hofstaetter-Spree, Dt. Sprachlehre
29 Brauns-Chudoba, Mineralogie
30 Eckert-Greifendorff-Kleffner, Kartenkunde
32 Schneider, Dt. Heldensagen
37 Klemm, Anorganische Chemie
38/38a Schlenk, Organ. Chemie
42 Behn, Vorgeschichte Europas
47 Rohrbach, Arithmetik
51 Bürklen-Ringleb, Mathematische Formelsammlung
59 Krahe, Indogerm. Sprachwiss.
61 Biehle, Redetechnik
66 Berneker-Vasmer, Russische Grammatik
70 Nestle, Griech. Literaturgesch. I
71 Schulze, Allgem. und physikalische Chemie I
76 Döring, Einführ. i. d. theoret. Physik I
77 Döring, Einführ. i. d. theoret. Physik II
79 Hempel, Gotisches Elementarbuch
80 Weigert, Stilkunde I
87 Witting, Differentialrechnung
88 Witting, Integralrechnung
101 v. Wiese, Soziologie
111 Hoffmann-Debrunner, Geschichte der griech. Sprache I
114 Hoffmann-Debrunner, Geschichte der griech. Sprache II
117 Brandenstein, Griechische Sprachwissenschaft
125 Vossler, Italienische Literaturgeschichte
128 Lausberg, Romanische Sprachwissenschaft I
136 Mahler, Physikalische Formelsammlung
141 Geitler, Morphologie der Pflanzen
142 Haack, Darst. Geometrie I
143 Haack, Darst. Geometrie II
145 Weimer, Gesch. der Pädagogik
146 Witting, Repetitorium und Aufgabensammlung zur Differentialrechnung
147 Witting, Repetitorium und Aufgabensammlung zur Integralrechnung
170 Oehlmann, Musik des 19. Jahrhunderts
173 Bruhns-Ramdohr, Petrographie
174 Waldschmidt, Buddhismus I
180 Böhm, Versicherungsmathematik I
184 Blümcke, Textilindustrie I
200/200a Gottschald, Dt. Rechtschreibungswörterbuch
210 Bruhns-Ramdohr, Kristallographie
221 Jander-Jahr, Maßanalyse I
222 Hassak-Beutel, Warenkunde I
223 Hassak-Beutel, Warenkunde II
226 Hofmann, Geschichte der Mathematik I
228 Vogel, Landw. Tierzucht
230 Krieger, Bad. Geschichte
238 Krahe, Germ. Sprachwiss. I
243 Mahler, Physikal. Aufgabensammlung
247 Hoppe, Analytische Chemie I
248 Hoppe, Analytische Chemie II
250 Lausberg, Roman. Sprachwissenschaft II
252 Dassler, Elektrochemie I
253 Dassler, Elektrochemie II
256 Haussner, Aufgabensammlung zur analytischen Geometrie der Ebene
257 Humburg, Die Gleichstrommaschine I
264 Lockemann, Geschichte der Chemie I
265 Lockemann, Geschichte der Chemie II
270 Kirn, Einführung in die Geschichtswissenschaft
279 Jacob, Quellenkunde der deutschen Geschichte I
280 Jacob, Quellenkunde der deutschen Geschichte II
281 Leisegang, Einführung in die Philosophie

284 Jacob-Weden, Quellenkunde der deutschen Geschichte III
319 Krug, Australien und Ozeanien
329 Scharrer, Agrikulturchemie I
335 Braun-Klug, Fette und Öle
336 Braun-Klug, Seifenfabrikation
342 Körting, Heizung und Lüftung I
343 Körting, Heizung und Lüftung II
344 Moser, Musikästhetik
352 Devrient. Thüring. Geschichte
354 Valentiner, Vektoranalysis
355 Neger-Münch, Nadelhölzer
356 Lüdemann, Fische
375 Preller, Geschichte Englands I
394 Schilling, Vorkantische Philosophie
402 Wielandt, Determinanten
414/414a Tafel, Hebezeuge I
422 Gottschald, Dt. Personennamen
423 Adler, Fünfstell. Logarithmen
431 Hameister, Eiszeitalter
432 Borchers, Metallkunde I
433 Borchers, Metallkunde II
439 Jaeckel, Würmer
440 Jaeckel, Weichtiere
445 Asmus, Physikal.-chemische Rechenaufgaben
452 Bahrdt-Scheer, Stöchiometrische Aufgabensammlung
468 Werkmeister, Vermessungskunde I
469 Werkmeister, Vermessungskunde II
476 Thum-Meysenbug, Werkstoffe des Maschinenbaues I
483 Henglein, Lötrohrprobierkunde
492 Stolz-Debrunner, Geschichte der lateinischen Sprache
499 Niese, Autogen. Schweißen
500 Simmel, Hauptprobleme der Philosophie
521 Marcard-Beck, Dampfkessel und Feuerungen II
536 Lehmann, Kant
538 Rumpf, Archäologie I
539 Rumpf, Archäologie II
557 Nestle, Griechische Literaturgeschichte II
561 Matthes, Werkzeugmaschinen I
564 Behn, Kultur der Urzeit I
565 Behn, Kultur der Urzeit II
566 Behn, Kultur der Urzeit III
571 Lehmann, Philosophie des 19. Jahrhunderts I
576/576a Moser, Gesangskunst
579 Müller-Schulze, Techn. Tabellen
585 Dehnert, Verkehrswasserbau I
589 Tochtermann, Maschinenzeichnen I
590 Tochtermann, Maschinenzeichnen II
594 Lengerken, Insekten
597 Dehnert, Verkehrswasserbau II
619 Buchwald, Kristalloptik
665 Ludin, Wasserkraftanlagen I
666 Ludin, Wasserkraftanlagen II
668 Knopp, Funktionentheorie I
691 Fauser, Kulturtechn. Bodenverbesserungen I
692 Fauser, Kulturtechn. Bodenverbesserungen II
698 Schulze, Allgemeine und physikalische Chemie II
703 Knopp, Funktionentheorie II
709 Lehmann, Philosophie des 19. Jahrhunderts II
711 Kesselring, Berechnung der Schaltgeräte
718 Neger-Münch, Laubhölzer
746 Meier, Statistik
736/763a Beer-Meyer, Hebräische Grammatik I
764/764a Beer-Meyer, Hebräische Grammatik II
768 Bieberbach, Einführung in die konforme Abbildung
769 Beer-Meyer, Hebräisches Übungsbuch
770 Waldschmidt, Buddhismus II
780 Krahe, Germ. Sprachwiss. II
781 Weigert, Stilkunde II
768 Schulze, Molekülbau
807 Kropp, Erkenntnistheorie I
809 Moser, Harmonielehre I
810 Moser, Harmonielehre II
826 Koch, Philosophie des Mittelalters
827 Schwaiger, Elektromotorische Antriebe
837 Baumgartner, Gruppentheorie
845 Lehmann, Philosophie im ersten Drittel des 20. Jahrhunderts
847 Herter, Lurche
855 Dreyhaus, Amerika I
856 Dreyhaus, Amerika II
857 Capelle, Griech. Philosophie I

858 Capelle, Griech. Philosoph. II
859 Capelle, Griech. Philosoph. III
862 Werkmeister, Vermessungskunde III
863 Capelle, Griech. Philosoph. IV
877 Knopp, Aufgabensammlung zur Funktionentheorie I
878 Knopp, Aufgabensammlung zur Funktionentheorie II
881 Humburg, Gleichstrommaschine II
902 Müller, Dynamik I
903 Müller, Dynamik II
910 Jaeger, Afrika I
911 Jaeger, Afrika II
917/917a Böhm, Versicherungsmathematik II
920 Hoheisel, Gewöhnliche Differentialgleichungen
929 Schirmer, Dt. Wortkunde
930 Krull, Elementare und klassische Algebra I
931 Hasse, Höhere Algebra I
932 Hasse, Höhere Algebra II
936 Thum-Meysenbug, Werkstoffe des Maschinenbaues II
952 Schäfer, Transformatoren
953 Zipperer, Techn. Schwingungslehre I
961 Zipperer, Techn. Schwingungslehre II
965 Dehnert, Wehr- u. Stauanlagen
970 Baldus-Löbell, Nichteuklid. Geometrie
972 Herter, Tierphysiologie I
973 Herter, Tierphysiologie II
978 Kleinlogel, Baustoffverarbeitung und Baustellenprüfung des Betons
984 Graf, Die wichtigsten Baustoffe des Hoch- und Tiefbaues
1000 Jaspers, Geistige Situation
1002 Jander-Jahr, Maßanalyse II
1003 Hoheisel, Partielle Differentialgleichungen
1008 Mellerowicz, Allgemeine Betriebswirtschaftslehre I
1009 Bechert-Gerthsen, Atomphysik I
1014 Huttenlocher, Mineral- und Erzlagerstättenkunde I
1015/1015a Huttenlocher, Mineral- und Erzlagerstättenkunde II
1021 Niese-Dienst, Elektr. Schweißverfahren
1031 Apel, Philosophisches Wörterbuch
1033 Bechert-Gerthsen, Atomphysik II
1034 Kranefeldt, Therapeutische Psychologie
1044 Tölke, Talsperren
1045 Schubert, Technik des Klavierspiels
1057 Roth, Thermochemie
1059 Hoheisel, Aufgabensammlung zu den gewöhnl. und partiellen Differentialgleichungen
1061 Grodzinski, Getriebelehre I
1065 Haller, Von den Karolingern zu den Staufern
1070 Sauter, Differentialgleichungen der Physik
1076 Endres, Verbrennungskraftmaschinen
1078 Troche, Stahlbetonbau
1082 Hasse-Klobe, Aufgabensammlung zur Höheren Algebra
1084 Nusselt, Technische Thermodynamik I
1085 Lietzmann, Zeitrechnung
1086 Müller, Dt. Dichten u. Denken
1088 Preller, Geschichte Englands II
1092 Wickop, Fenster, Türen, Tore,
1094 Hernried, System. Modulation
1096 Viëtor, Dt. Dichten u. Denken
1105 Hartung, Dt. Geschichte im Zeitalter der Reformation
1109 Knopp, Elemente der Funktionentheorie
1111 Naumann-Betz, Althochdeutsches Elementarbuch
1113 Strubecker, Differentialgeometrie I
1114 Schubel, Englische Literaturgeschichte I
1115 Ranke, Altnord. Elementarbuch
1116 Meissner, Englische Literaturgeschichte II
1121 Naumann, Dt. Dichten und Denken
1122 Feist, Sprechen und Sprachpflege
1123/1123a Bechert-Gerthsen, Atomphysik III

1124 Meissner, Englische Literaturgeschichte III
1125 Lehnert, Altengl. Elementarbuch
1127 Hartmann, Geschlecht und Geschlechtsbestimmung im Tier- und Pflanzenreich
1128 Buchner, Symbiose der Tiere mit pflanzl. Mikroorganismen
1130 Dibelius, Jesus
1131 Scholz-Schoeneberg Einführung in die Zahlentheorie
1132 Frühauf, Überspannungen und Überspannungsschutz
1134 Kuckuck, Pflanzenzüchtung I
1135 Lehnert, Beowulf
1136 Meissner, Englische Literaturgeschichte IV
1137 Heil, Entwicklungsgeschichte des Tier- und Pflanzenreichs
1138 Hämmerling, Fortpflanzung im Tier- und Pflanzenreich
1140 Unger, Induktionsmaschinen
1141 Koller, Hormone
1142 Meissner-Lehnert. Shakespeare
1144 Gehler, Festigkeitslehre I
1145 Herberg, Festigkeitslehre II
1146 Humburg, Synchrone Maschine
1147 v. Waltershausen, Kunst des Dirigierens
1148 Pepping, Der polyphone Satz I
1151 Nusselt, Technische Thermodynamik II
1152 Dehnert, Verkehrswasserbau III
1153 Mellerowicz, Allgem. Betriebswirtschaftslehre II
1154 Mellerowicz, Allgem. Betriebswirtschaftslehre III
1155 Schwartz, Mikrobiologie I
1156 Meinke, Kompl. Berechnung der Wechselstromschaltungen
1157 Schwartz, Mikrobiologie II
1158 Mayrhofer, Sanskrit-Grammatik
1159 Jungbluth, Gießereitechnik I
1160 Dibelius-Kümmel, Paulus
1161 Kaestner, Spinnentiere
1162 Seidel. Entwicklungsphysiologie der Tiere I
1163 Seidel, Entwicklungsphysiologie der Tiere II
1165/1165a Bechert-Gerthsen, Atomphysik IV
1166 Bechert-Gerthsen, Atomphysik V
1167 Bechert-Gerthsen, Atomphysik VI
1168 Bechert-Gerthsen, Atomphysik VII

AUTORENREGISTER

FSC
www.fsc.org
MIX
Papier | Fördert gute Waldnutzung
FSC® C083411

Zeitfracht Medien GmbH
Ferdinand-Jühlke-Straße 7
99095 Erfurt, Deutschland
produktsicherheit@kolibri360.de